抖音短视频，从零开始全面精通！

抖音短视频全面精通

周玉姣 ◎ 编著

拍摄剪辑+滤镜美化+字幕特效+录音配乐+直播运营

清华大学出版社
北京

内 容 简 介

本书包含10章专题内容，主要涵盖从拍摄剪辑、滤镜美化、字幕特效、录音配乐以及直播运营等各个层面，全方位讲解了抖音短视频的功能和操作技巧，通过本书的学习读者可以达到举一反三，从而拍摄、剪辑、运营好自己喜欢的短视频。

本书干货技巧满满，主要包含从抖音短视频的拍摄技巧到后期特效应用等，能够帮助用户实现从新手到短视频创作高手的快速进阶，完成从初级视频到电影级视频的华丽转变。

本书内容丰富，采用“理论＋实践”相结合的方式，教你一站式轻松掌握爆款短视频的制作技巧。全书思路清晰、步骤详细，旨在帮助大家轻松做出爆款短视频。

本书既适合广大抖音短视频爱好者、短视频达人，以及想要通过抖音平台拍摄爆款短视频、运营抖音账号的用户，同时也可作为短视频设计与制作、新媒体技术相关专业的辅导教材，相信用户在阅读之后会有一定的收获。

图书在版编目(CIP)数据

抖音短视频全面精通：拍摄剪辑＋滤镜美化＋字幕特效＋录音配乐＋直播运营 / 周玉姣编著. —北京：清华大学出版社，2023.6 (2025.1重印)

ISBN 978-7-302-63551-2

Ⅰ.①抖… Ⅱ.①周… Ⅲ.①视频制作②网络营销 Ⅳ.①TN948.4②F713.365.2

中国国家版本馆CIP数据核字(2023)第087762号

责任编辑：韩宜波
封面设计：杨玉兰
责任校对：周剑云
责任印制：宋　林
出版发行：清华大学出版社
网　　址：https://www.tup.com.cn, https://www.wqxuetang.com
地　　址：北京清华大学学研大厦A座　　**邮　　编**：100084
社 总 机：010-83470000　　**邮　　购**：010-62786544
投稿与读者服务：010-62776969，c-service@tup.tsinghua.edu.cn
质量反馈：010-62772015，zhiliang@tup.tsinghua.edu.cn
印 装 者：三河市君旺印务有限公司
经　　销：全国新华书店
开　　本：190mm×260mm　　**印　　张**：12.25　　**字　　数**：294千字
版　　次：2023年7月第1版　　**印　　次**：2025年1月第3次印刷
定　　价：79.80元

产品编号：098876-01

前 言

PREFACE

写作驱动

本书是初学者全面自学抖音短视频制作的经典畅销教程。在突出实用性的基础上，本书对抖音短视频的拍摄、剪辑和后期等进行了详细阐述，旨在帮助读者全面精通抖音短视频。本书在介绍软件功能的同时，还精心安排了 110 多个实例。此外，全部实例都配有教学视频，详细演示案例的制作过程，以做到学用结合。

抖音短视频全面精通

分 为

纵向技能线

横向案例线

视频拍摄	视频剪辑	人像视频	延时视频
玩转道具	滤镜调色	美食视频	风景视频
人物美颜	字幕特效	古风视频	花卉视频
贴纸应用	特效应用	动物视频	人像照片
视频发布	抖音运营	花卉照片	风景照片

本书特色

1、110 多个技能实例奉献：本书通过大量的技能实例来辅讲软件，共计 110 多个，主要包括拍摄剪辑、滤镜美化、字幕特效、录音配乐以及直播运营等内容，力图帮助读者实现从新手入门到后期全面精通，干货技巧贯穿全书，从而让学习更高效。

2、100 多分钟的视频演示：本书中的短视频操作技巧实例，全部录制了带语音讲解的视频，共 106 个，时间长度达 100 多分钟，生动而形象地重现书中所有实例操作。从而让学习更加轻松。

3、210 个素材效果的奉献：随书附送的资源中包含了 107 个素材文件，103 个效果文件。素材包括照片和视频，涉及风光美景、古风人像，应有尽有，供读者选择使用。

4、1000 多张图片全程图解：本书采用了 1000 多张图片对抖音短视频的制作技巧进行了全过程式的图解，图片清晰明了，让实例的内容变得更通俗易懂，读者可以快速领会制作技巧，从而在抖音 App 上制作出更多精彩的短视频画面。

特别提醒

在编写本书时，是基于抖音 22.5.0 版本，但本书从编辑到出版需要一段时间。在这段时间里，软件界面与功能会有调整与变化，比如有的内容删除了，有的内容增加了，这是软件开发商正常做的更新。请在阅读时，根据书中的思路举一反三进行学习，不必拘泥于细微的变化。

随书附送的素材文件、效果文件和视频文件，请扫描下方的二维码，推送到自己的邮箱下载即可；还可以在学习本书案例时，扫描案例中的二维码直接观看操作视频。

素材文件 1　素材文件 2　效果文件 1　效果文件 2

视频文件 1　视频文件 2　视频文件 3

版权声明

作者售后

本书由周玉姣编著，参与编写的人员还有刘芳芳，在此表示感谢。

由于作者知识水平有限，书中难免有疏漏之处，恳请广大读者批评、指正。

编　者

目录

CONTENTS

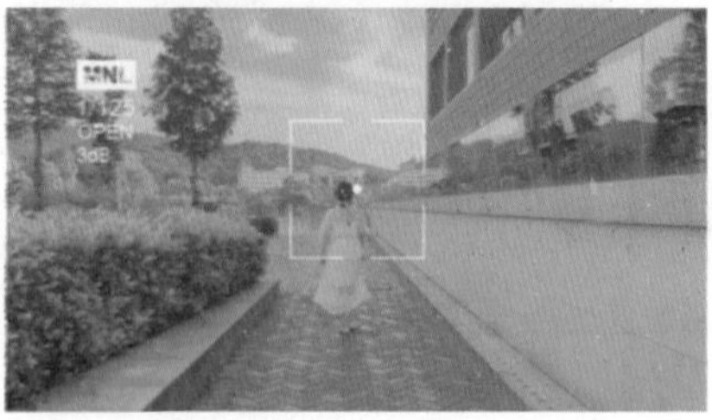

第1章

拍摄：轻松拍出百万点赞量作品

章前知识导读

拍摄是抖音 App 中最重要的功能之一。抖音拥有许多实用性很强的拍摄小道具，在拍摄的时候我们可以直接使用，这样不仅能够节省时间，而且还有很强的体验感。本章主要介绍使用抖音 App 拍摄视频的操作方法。

新手重点索引

- 快拍：教你一键拍摄短视频
- 分段拍：正确规划视频时长
- 影集：快速增加视觉美感度
- 开直播：丰富视频平台内容

效果图片欣赏

1.1 快拍：教你一键拍摄短视频

快拍是抖音 App 中最常用的功能之一，是我们进入抖音拍摄界面时的默认界面，它包括多种拍摄模式，如“视频”“动图”“照片”和“文字”。本节主要介绍快拍的操作方法。

1.1.1 拍摄视频：记录精彩的时光

使用抖音 App 拍摄视频能够记录精彩的时光，下面介绍具体的操作方法。

	素材文件	无
	效果文件	无
	视频文件	扫码可直接观看视频

【操练 + 视频】
——拍摄视频：记录精彩的时光

STEP 01 进入抖音 App，点击正下方的加号图标，如图 1-1 所示。

STEP 02 进入“快拍”界面，系统默认停留在“视频”拍摄模式，长按拍摄按钮，如图 1-2 所示，即可开始拍摄视频。

图 1-1 点击加号图标

图 1-2 长按拍摄按钮

STEP 03 松开拍摄按钮，如图 1-3 所示，即可停止拍摄。

STEP 04 执行操作后，即可查看拍摄效果，如图 1-4 所示。

图 1-3 松开拍摄按钮

图 1-4 查看拍摄效果

1.1.2 拍摄动图：提高画面趣味性

为了让画面变得更生动、有趣，我们可以拍摄动图。下面介绍拍摄动图的具体操作方法。

	素材文件	无
	效果文件	无
	视频文件	扫码可直接观看视频

【操练 + 视频】
——拍摄动图：提高画面趣味性

STEP 01 进入抖音 App，点击正下方的加号图标，如图 1-5 所示。

STEP 02 执行操作后，进入抖音“快拍”界面，如图 1-6 所示。

图 1-5　点击加号图标

图 1-6　进入“快拍”界面

STEP 03 ❶切换至“动图”拍摄模式；❷点击拍摄按钮，如图 1-7 所示。

STEP 04 执行操作后，系统自动进行拍摄，如图 1-8 所示。

图 1-7　点击拍摄按钮

图 1-8　系统自动进行拍摄

1.1.3　拍摄照片：解锁多种拍摄方式

除了拍摄视频外，还可以在抖音 App 中拍摄照片。下面介绍拍摄照片的具体操作方法。

	素材文件	无
	效果文件	无
	视频文件	扫码可直接观看视频

【操练 + 视频】
——拍摄照片：解锁多种拍摄方式

STEP 01 进入抖音“快拍”界面，❶切换至“照片”拍摄模式；❷点击拍摄按钮，如图 1-9 所示。

STEP 02 执行操作后，即可查看拍摄效果，如图 1-10 所示。

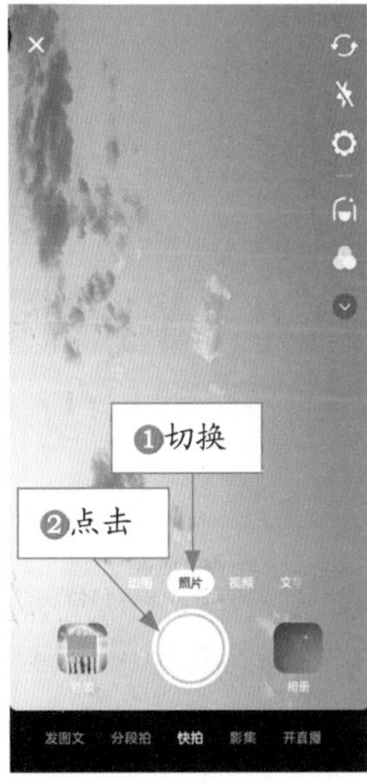

图 1-9　点击拍摄按钮

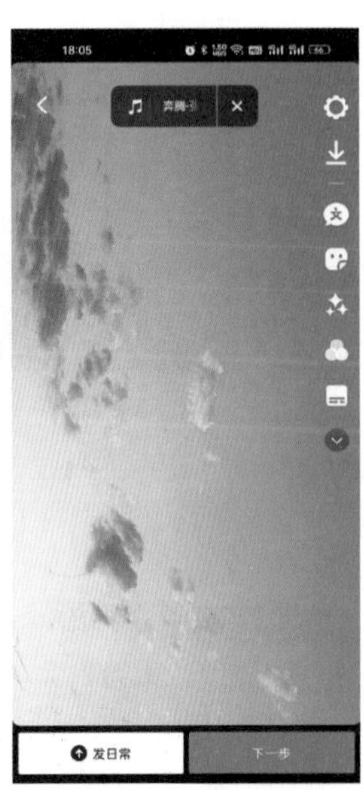

图 1-10　查看拍摄效果

1.1.4　添加文字：直白地抒发情感

除了拍摄视频和照片之外，我们还能在抖音中发布纯文字视频，操作方法如下。

	素材文件	无
	效果文件	无
	视频文件	扫码可直接观看视频

【操练 + 视频】
——添加文字：直白地抒发情感

STEP 01 进入抖音 App，点击正下方的加号图标，如图 1-11 所示。

STEP 02 进入抖音“快拍”界面，点击“文字”按钮，如图 1-12 所示。

STEP 03 执行操作后，输入相应的文字内容，如图 1-13 所示。

图 1-11　点击加号图标

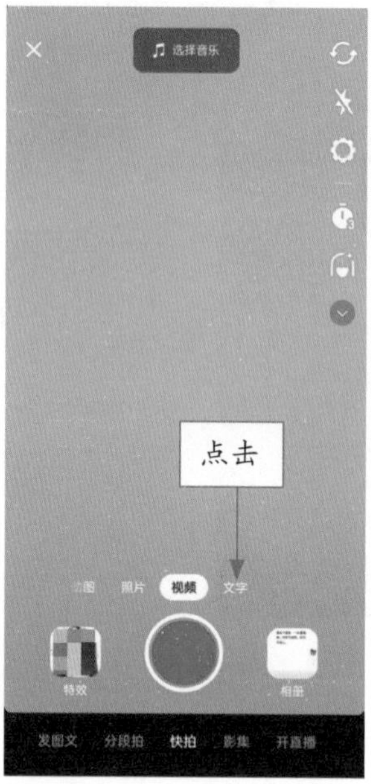

图 1-12　点击“文字”按钮

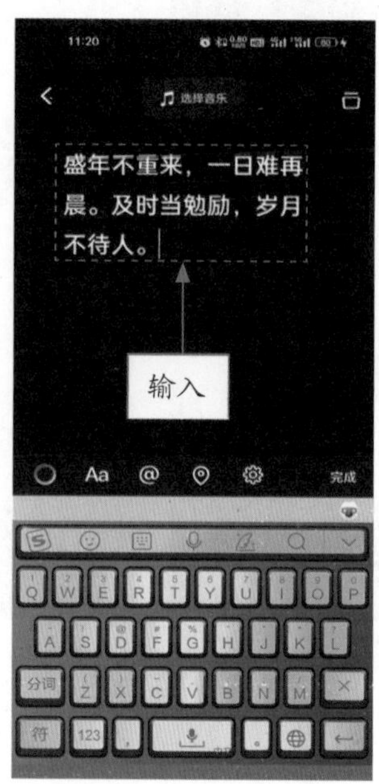

图 1-13　输入文字内容

STEP 04 ❶选择一个合适的背景颜色；❷点击“完成”按钮，如图 1-14 所示。

STEP 05 ❶添加一首合适的背景音乐；❷点击“发布”按钮，如图 1-15 所示。

STEP 06 执行操作后，即可完成发布，效果如图 1-16 所示。

图 1-14　点击“完成”按钮

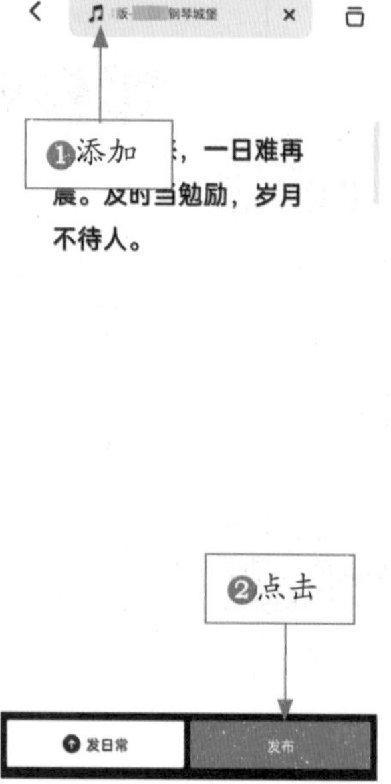

图 1-15　点击“发布”按钮

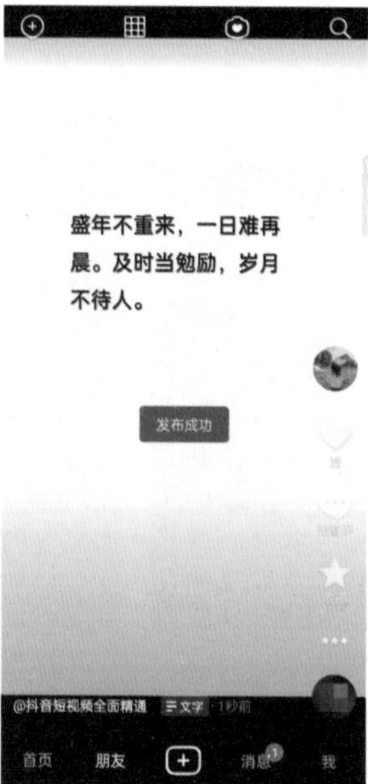

图 1-16　完成发布

1.2 分段拍：正确规划视频时长

分段拍是指拍摄不同时长的视频，这样不仅可以正确规划视频的时长，而且还能借此安排好视频的内容。本节主要介绍分段拍的操作方法。

1.2.1　15 秒视频：精简画面内容

15 秒视频比较短，所以内容比较精炼，适合用来拍摄单一场景。下面介绍拍摄 15 秒视频的具体操作方法。

	素材文件	无
	效果文件	无
	视频文件	扫码可直接观看视频

【操练 + 视频】
——15 秒视频：精简画面内容

STEP 01 进入抖音“快拍”界面，点击“分段拍”按钮，如图 1-17 所示。

STEP 02 点击拍摄按钮，如图 1-18 所示，系统即可自动进行拍摄。

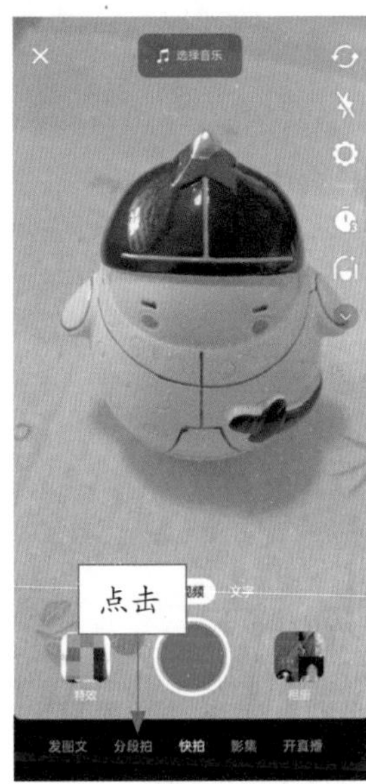

图 1-17　点击“分段拍”按钮

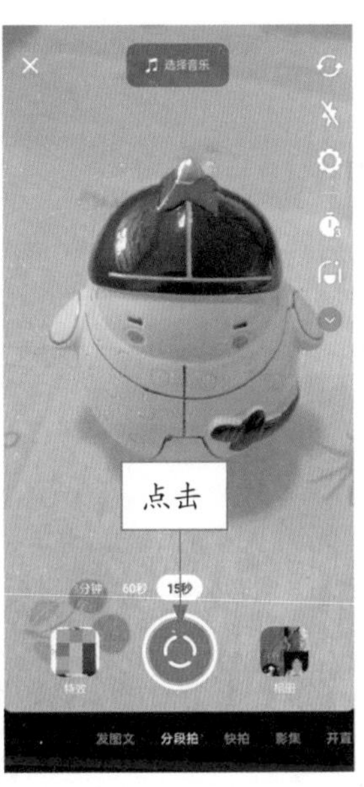

图 1-18　点击拍摄按钮

1.2.2　60 秒视频：讲清视频故事

60 秒时长适中，可以用来拍摄稍长一点儿的视频，并讲清楚一段完整的内容。下面介绍拍摄 60 秒视频的具体操作方法。

	素材文件	无
	效果文件	无
	视频文件	扫码可直接观看视频

【操练 + 视频】
——60 秒视频：讲清视频故事

STEP 01 进入抖音“快拍”界面，❶点击“分段拍”按钮；❷切换至“60 秒”拍摄模式，如图 1-19 所示。

STEP 02 点击拍摄按钮，系统自动进行拍摄，如图 1-20 所示。

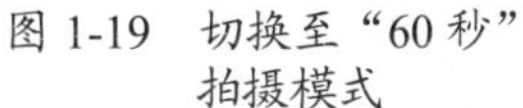

图 1-19　切换至“60 秒”拍摄模式

图 1-20　系统自动进行拍摄

1.2.3 3 分钟视频：多场景拍摄视频

拍摄 3 分钟视频时，我们可以变换不同的场地，丰富视频画面。下面介绍拍摄 3 分钟视频的具体操作方法。

	素材文件	无
	效果文件	无
	视频文件	扫码可直接观看视频

【操练 + 视频】
——3 分钟视频：多场景拍摄视频

STEP 01 进入抖音“快拍”界面，❶点击“分段拍”按钮；❷切换至“3 分钟”拍摄模式，如图 1-21 所示。

STEP 02 点击拍摄按钮，系统自动进行拍摄，如图 1-22 所示。

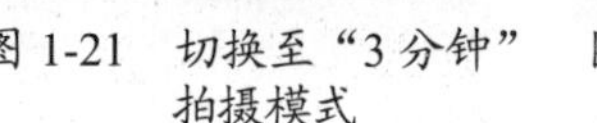

图 1-21　切换至“3 分钟”拍摄模式

图 1-22　系统自动进行拍摄

1.3 影集：快速增加视觉美感度

影集是一个非常节省时间的功能，我们可以在这里编辑照片和视频，并且有现成的热门模板可以套用，能够极大地增加其画面美感度。本节主要介绍添加影集模板的操作方法，包括“卡点”“大片”“热歌”和“一键成片”等。

1.3.1 卡点影集：增强画面节奏感

【效果展示】：“卡点”影集是指视频画面和音乐相互对应，形成一种节奏感，使视频看起来很舒服，效果如图 1-23 所示。

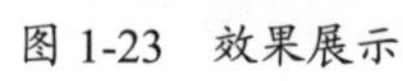

图 1-23　效果展示

下面介绍制作“卡点”影集效果的具体操作方法。

	素材文件	素材 \ 第 1 章 \1.3.1\（1）.jpg、（2）.jpg、（3）.jpg、（4）.jpg
	效果文件	效果 \ 第 1 章 \1.3.1.mp4
	视频文件	扫码可直接观看视频

【操练 + 视频】
——卡点影集：增强画面节奏感

STEP 01 进入抖音“快拍”界面，点击“影集”按钮，如图 1-24 所示。

STEP 02 进入“影集模板”界面，❶切换至“卡点”选项卡；❷选择一个合适的模板，如图 1-25 所示。

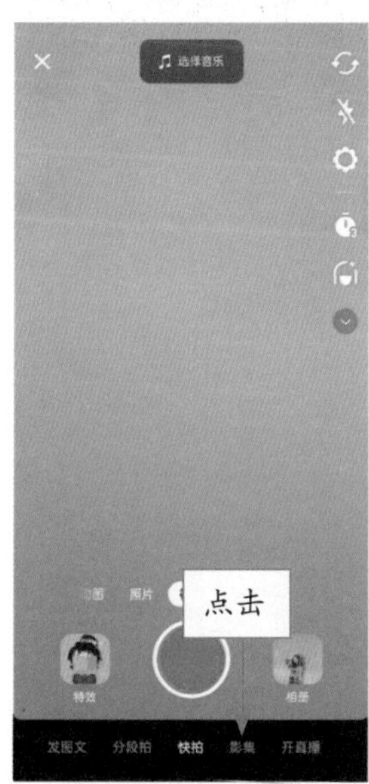

图 1-24　点击“影集”按钮

图 1-25　选择模板

STEP 03 点击“选择照片”按钮，如图 1-26 所示。

STEP 04 进入“所有照片”界面，❶按模板要求选择相应数量的照片；❷点击“确认”按钮，如图 1-27 所示。

STEP 05 执行操作后，界面中会显示压缩素材的进度，如图 1-28 所示。

STEP 06 稍等片刻，即可生成相应效果，如图 1-29 所示。

图 1-26　点击“选择照片”按钮

图 1-27　点击“确认”按钮

图 1-28　显示压缩素材的进度

图 1-29　生成相应效果

1.3.2　大片影集：打造电影级画面

【效果展示】：“大片”影集是指视频画面看起来非常有高级感，滤镜、音乐和特效缺一不可，能够将人带进视频中感受不一样的氛围，效果如图 1-30 所示。

图 1-30　效果展示

下面介绍制作“大片”影集效果的具体操作方法。

	素材文件	素材 \ 第 1 章 \1.3.2\（1）.jpg、（2）.jpg、（3）.jpg、（4）.mp4
	效果文件	效果 \ 第 1 章 \1.3.2.mp4
	视频文件	扫码可直接观看视频

【操练 + 视频】——大片影集：打造电影级画面

STEP 01 进入“影集模板”界面，切换至“大片”选项卡，如图 1-31 所示。

图 1-31　切换至“大片”选项卡

STEP 02 ❶选择一个合适的模板；❷点击“剪同款”按钮，如图 1-32 所示。

STEP 03 进入“所有照片”界面，❶按模板要求选择相应的照片和视频；❷点击“确认”按钮，如图 1-33 所示。

STEP 04 执行操作后，即可生成相应效果，如图 1-34 所示。

图 1-32　点击“剪同款”按钮

图 1-33　点击“确认”按钮

图 1-34　生成相应效果

1.3.3　热歌影集：提升视频观看量

【效果展示】："热歌"影集模板中的背景音乐都是非常热门的歌曲，旋律朗朗上口，能够增强视频画面的故事感，提升观看量，效果如图 1-35 所示。

图 1-35　效果展示

图 1-35　效果展示（续）

下面介绍制作"热歌"影集效果的具体操作方法。

	素材文件	素材\第1章\1.3.3\（1）.jpg、（2）.jpg、（3）.jpg、（4）.jpg、（5）.jpg、（6）.jpg、（7）.jpg、
	效果文件	效果 \ 第 1 章 \1.3.3.mp4
	视频文件	扫码可直接观看视频

【操练 + 视频】
——热歌影集：提升视频观看量

STEP 01 进入抖音“快拍”界面，点击“影集”按钮，如图 1-36 所示。

图 1-36　点击“影集”按钮

STEP 02 进入“影集模板”界面，切换至“热歌”选项卡，如图 1-37 所示。

图 1-37　切换至“热歌”选项卡

STEP 03 ❶选择一个合适的模板；❷点击“剪同款”按钮，如图 1-38 所示。

图 1-38　点击“剪同款”按钮

STEP 04 进入“所有照片”界面，❶按模板要求选择相应的照片；❷点击“确认”按钮，如图 1-39 所示。

图 1-39　点击“确认”按钮

STEP 05 执行操作后，界面中会显示压缩素材的进度，如图 1-40 所示。

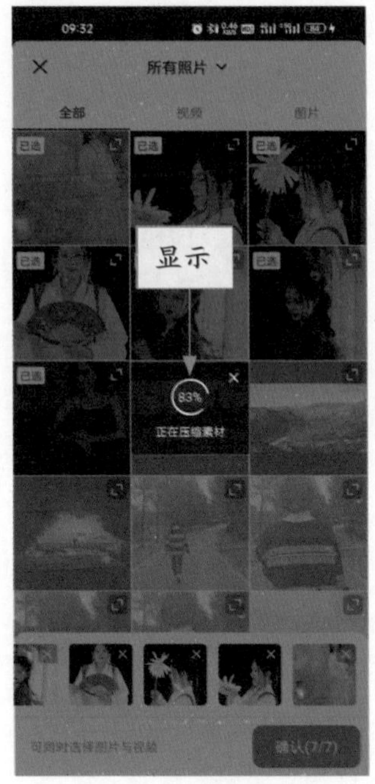

图 1-40　显示压缩素材的进度

STEP 06 稍等片刻，即可生成相应效果，如图 1-41 所示。

图 1-41　生成相应效果

1.3.4　一键成片：快速形成大片感

【效果展示】："一键成片"是指自己选择好照片或者视频，然后导入模板中，它没有数量和时间的规定。使用这种特效能够节省很多时间，效果如图 1-42 所示。

图 1-42　效果展示

图 1-42　效果展示（续）

下面介绍添加“一键成片”效果的具体操作方法。

	素材文件	素材 \ 第 1 章 \1.3.4\（1）.mp4、（2）.jpg、（3）.jpg、（4）.jpg、（5）.jpg、（6）.jpg、（7）.jpg、（8）.jpg、（9）.jpg、（10）.jpg、（11）.jpg、（12）.jpg、（13）.jpg
	效果文件	效果 \ 第 1 章 \1.3.4.mp4
	视频文件	扫码可直接观看视频

【操练 + 视频】——一键成片：快速形成大片感

STEP 01 进入抖音“快拍”界面，点击“影集”按钮，如图 1-43 所示。

STEP 02 进入“影集模板”界面，点击“一键成片”按钮，如图 1-44 所示。

图 1-43　点击“影集”按钮

图 1-44　点击“一键成片”按钮

STEP 03 进入“所有照片”界面，❶选择相应的视频和照片；❷点击“一键成片”按钮，如图 1-45 所示。

STEP 04 稍等片刻，即可进入模板编辑界面，❶选择一个合适的模板；❷点击“保存”按钮，如图 1-46 所示。

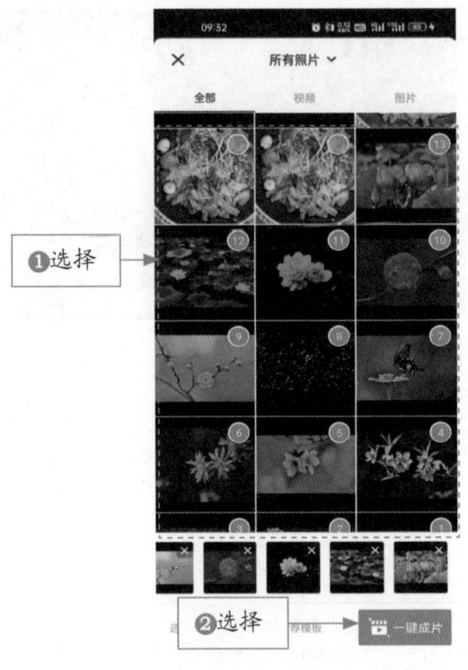

图 1-45　点击“一键成片”按钮

图 1-46　点击“保存”按钮

1.4 开直播：丰富视频平台内容

抖音直播有许多不同的内容形式，如视频直播和语音直播等，能够满足不同用户的直播需求。本节主要介绍开直播的常用操作方法。

1.4.1　视频直播：近距离接触粉丝

视频直播是最常见的直播形式之一，开启视频直播可以跟粉丝近距离聊天，从而拉近彼此的距离。下面介绍视频直播的具体操作方法。

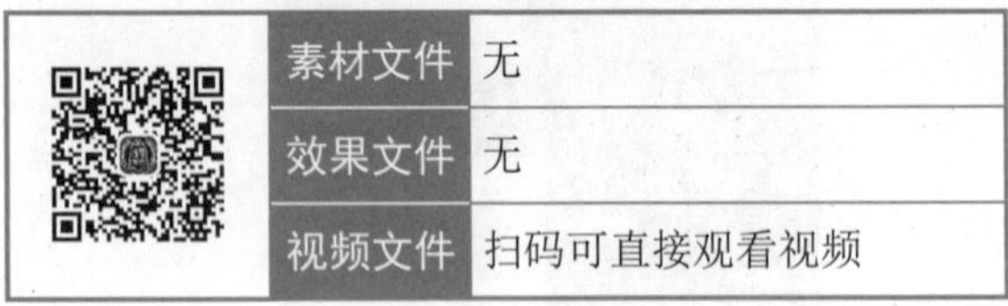

	素材文件	无
	效果文件	无
	视频文件	扫码可直接观看视频

【操练+视频】
——视频直播：近距离接触粉丝

STEP 01 进入抖音 App，点击正下方的加号图标，如图 1-47 所示。

STEP 02 进入抖音“快拍”界面，点击“开直播”按钮，如图 1-48 所示。

图 1-47　点击加号图标

图 1-48　点击“开直播”按钮

STEP 03 进入“开直播”界面，点击“开始视频直播”按钮，如图 1-49 所示。

STEP 04 执行操作后，画面上会显示倒计时，如图 1-50 所示。

图 1-49　点击“开始视频直播”按钮

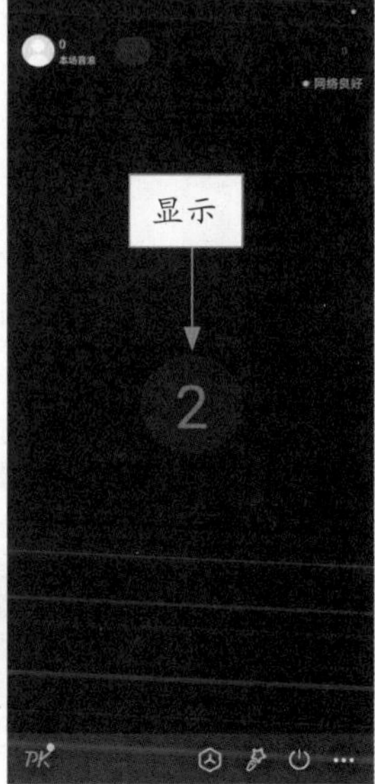

图 1-50　显示倒计时

STEP 05 倒计时结束后，即开始视频直播，直播完毕后，点击关闭图标⏻，如图 1-51 所示。

STEP 06 点击“确定”按钮，即可结束视频直播，效果如图 1-52 所示。

图 1-51　点击关闭图标

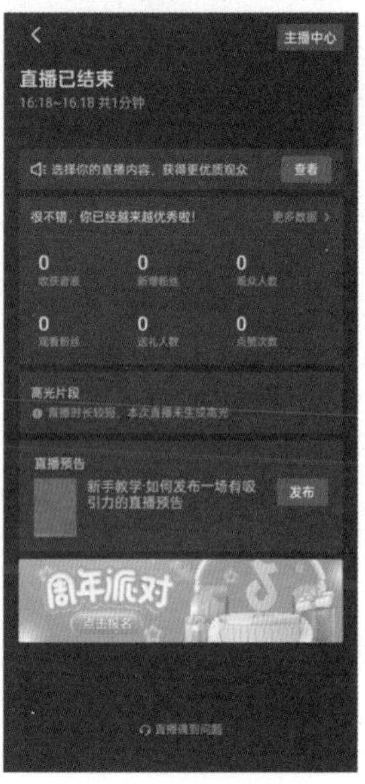

图 1-52　结束视频直播

1.4.2　语音直播：用声音打动听众

语音直播是指不露出视频画面，只能听到声音的直播。开语音直播可以省略许多准备步骤，更加方便。下面介绍语音直播的具体操作方法。

	素材文件	无
	效果文件	无
	视频文件	扫码可直接观看视频

【操练 + 视频】
——语音直播：用声音打动听众

STEP 01 进入“开直播”界面，❶切换至“语音”选项卡；❷点击“开始电台直播”按钮，如图 1-53 所示。

STEP 02 执行操作后，画面上会显示倒计时，如图 1-54 所示。

图 1-53　点击“开始电台直播”按钮

图 1-54　显示倒计时

STEP 03 倒计时结束，即可开始语音直播。直播完毕后，点击关闭图标⏻，如图 1-55 所示。

STEP 04 弹出提示面板，选择“关播”选项，如图 1-56 所示，即可结束语音直播。

图 1-55　点击关闭图标

图 1-56　选择“关播”选项

专家指点

除了视频直播与语音直播外，抖音还支持手游直播和电脑直播功能，有需求的用户可以在“开直播”界面中选择相应的直播方式。

手游直播是指将手机上的游戏画面进行直播，观众可以实时看到，它有 3 个申请权限：①粉丝数大于等于 50，且近期无账号违规记录；②若直播内容涉及安全底线或侵权等违规内容，平台会收回录屏直播权限；③若长时间不开播，录屏权限可能需要重新申请。

电脑直播的好处有很多，不仅拥有更大的画面，而且操作也更方便、流畅，对于经常开直播的博主来说，这是非常便利的。但是，电脑直播有一个申请条件，就是粉丝数大于等于 1000 才可申请使用，申请通过之后还需要在电脑上下载一个抖音直播伴侣。

第2章 剪辑：这样剪视频更能引人注目

章前知识导读

抖音 App 具有强大的剪辑功能，无论是剪辑视频，还是剪辑音频，都十分方便，能够满足基础的短视频剪辑要求。而且，在抖音中剪辑视频，不需要将视频导入到其他剪辑软件中，可以节省不少时间。

新手重点索引

- 视频剪辑：增加画面完整度
- 音频剪辑：为爆火添砖加瓦

效果图片欣赏

2.1 视频剪辑：增加画面完整度

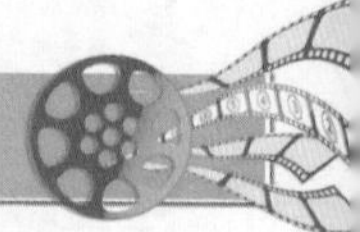

在抖音 App 中拍摄或者上传短视频后，我们可以对其进行一些简单的剪辑处理。本节主要介绍短视频的剪辑方法和处理技巧，如分割素材、变速处理、调整音量、旋转和倒放等。

2.1.1 分割素材：保留视频的精华

【效果展示】：用户可以通过抖音 App 对短视频进行分割，从而保留短视频中精华的部分，效果如图 2-1 所示。

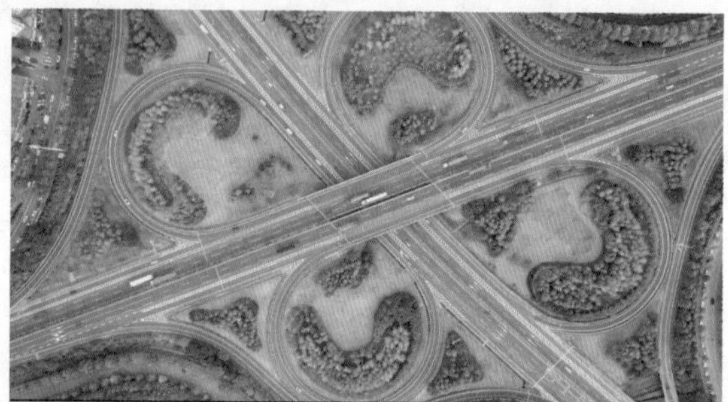
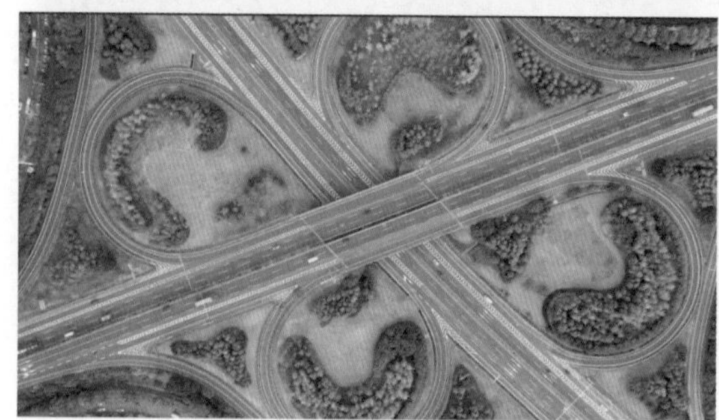
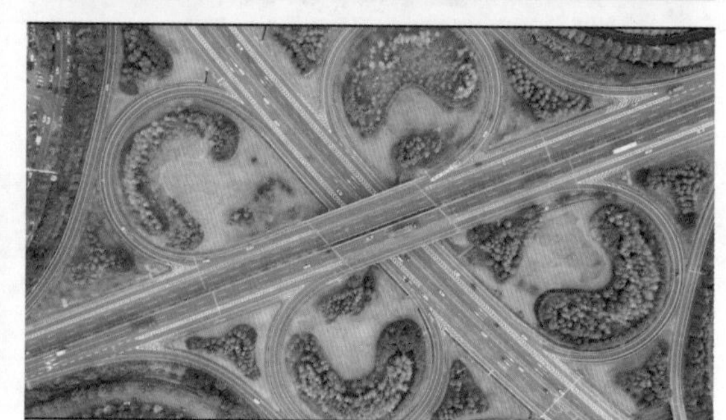

图 2-1 效果展示

下面介绍分割短视频素材的具体操作方法。

	素材文件	素材 \ 第 2 章 \2.1.1.mp4
	效果文件	效果 \ 第 2 章 \2.1.1.mp4
	视频文件	扫码可直接观看视频

【操练 + 视频】
——分割素材：保留视频的精华

STEP 01 进入抖音“快拍”界面，点击“相册”按钮，如图 2-2 所示。

STEP 02 进入“所有照片”界面，❶切换至“视频”选项卡；❷选择一个视频素材，如图 2-3 所示。

图 2-2 点击“相册”按钮

图 2-3 选择视频素材

STEP 03 进入视频编辑界面，点击展开图标，如图 2-4 所示。

图 2-4　点击展开图标

STEP 04 展开右侧工具栏，点击"剪裁"按钮，如图 2-5 所示。

图 2-5　点击"剪裁"按钮

STEP 05 进入剪裁界面，❶拖曳时间轴至需要分割的位置处；❷点击"分割"按钮，如图 2-6 所示。

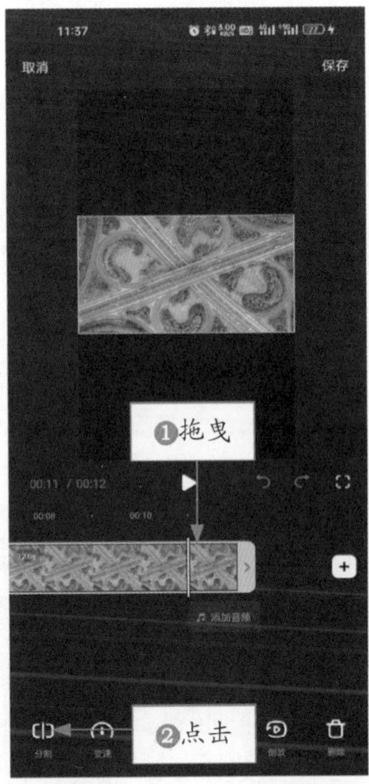

图 2-6　点击"分割"按钮

STEP 06 ❶选择分割出来的后半截视频片段；❷点击"删除"按钮，如图 2-7 所示，即可删除该视频片段。

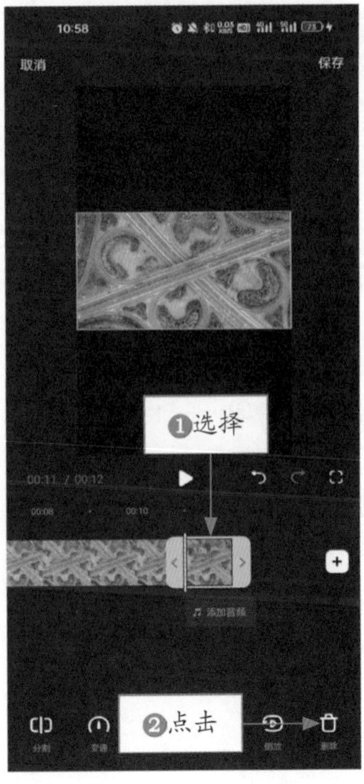

图 2-7　点击"删除"按钮

2.1.2 变速处理：让视频更具动感

【效果展示】：使用抖音 App 可以对短视频进行变速处理，从而改变短视频的播放速度，让短视频的画面更具动感，效果如图 2-8 所示。

图 2-8 效果展示

下面介绍视频变速处理的具体操作方法。

	素材文件	素材 \ 第 2 章 \2.1.2.mp4
	效果文件	效果 \ 第 2 章 \2.1.2.mp4
	视频文件	扫码可直接观看视频

【操练+视频】
——变速处理：让视频更具动感

STEP 01 在抖音 App 中导入一个视频素材，进入视频编辑界面，展开右侧工具栏，点击“剪裁”按钮，如图 2-9 所示。

STEP 02 进入剪裁界面，点击“变速”按钮，如图 2-10 所示。

STEP 03 拖曳白色的圆形滑块，将其播放速度调整为 2.0x，如图 2-11 所示。

STEP 04 点击“确认”按钮，如图 2-12 所示，即可调整视频的播放速度。

图 2-9 点击“剪裁”按钮

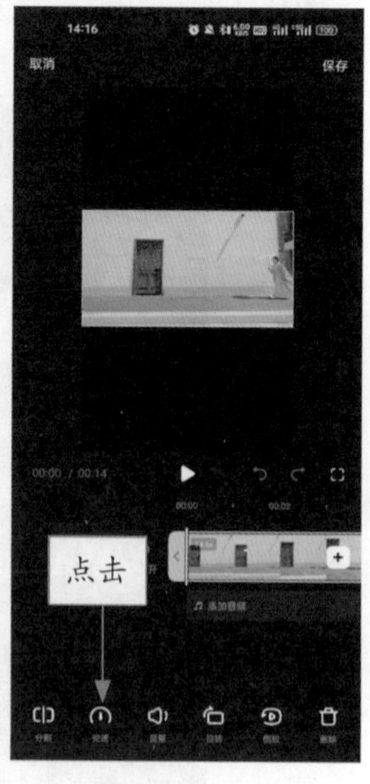

图 2-10 点击“变速”按钮

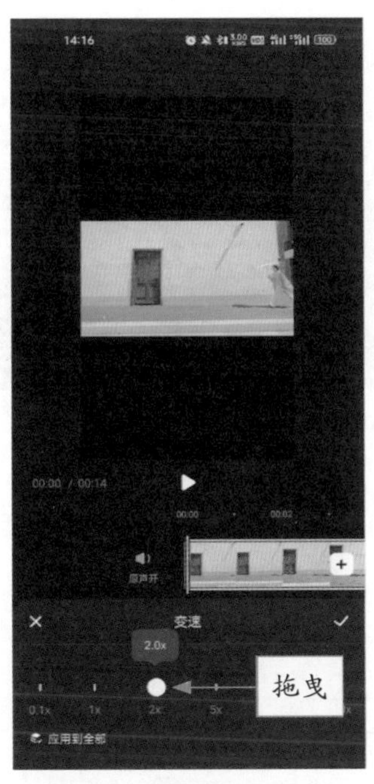

图 2-11　调整播放速度

图 2-12　点击“确认”按钮

2.1.3　视频音量：提升视频舒适度

【效果展示】：使用抖音 App 可以调整短视频的音量，用户可以根据短视频的画面情景、受众年龄段来调大或是调小音量，从而让短视频观看效果更好，如图 2-13 所示。

图 2-13　效果展示

图 2-13　效果展示（续）

下面介绍调整视频音量的具体操作方法。

	素材文件	素材 \ 第 2 章 \2.1.3.mp4
	效果文件	效果 \ 第 2 章 \2.1.3.mp4
	视频文件	扫码可直接观看视频

【操练 + 视频】——调整音量：提升视频舒适度

STEP 01 在抖音 App 中导入一个视频素材，进入视频编辑界面，点击展开图标，如图 2-14 所示。

STEP 02 展开右侧工具栏，点击“剪裁”按钮，如图 2-15 所示。

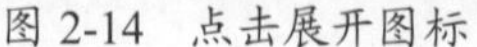

图 2-14　点击展开图标

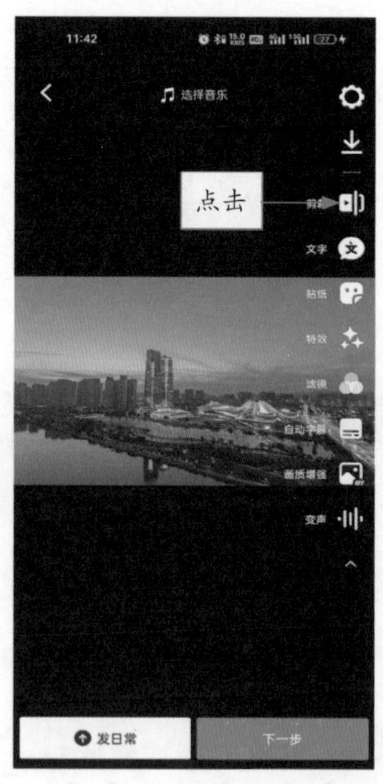

图 2-15　点击“剪裁”按钮

STEP 03 进入剪裁界面，点击“音量”按钮，如图 2-16 所示。

STEP 04 进入音量界面，拖曳白色的圆形滑块，将音量调至 200，如图 2-17 所示。

图 2-16　点击“音量”按钮

图 2-17　调整音量

2.1.4　旋转处理：让画面适合观看

【效果展示】：使用抖音 App 可以对短视频进行旋转处理，从而让视频画面更具立体感，如图 2-18 所示。

图 2-18　效果展示

下面介绍对视频进行旋转处理的具体操作方法。

	素材文件	素材 \ 第 2 章 \2.1.4.mp4
	效果文件	效果 \ 第 2 章 \2.1.4.mp4
	视频文件	扫码可直接观看视频

【操练 + 视频】
——旋转处理：让画面适合观看

STEP 01 在抖音 App 中导入一个视频素材，进入视频编辑界面，展开右侧工具栏，点击“剪裁”按钮，如图 2-19 所示。

STEP 02 进入剪裁界面，点击“旋转”按钮，如图 2-20 所示，将其调成最佳观看角度。

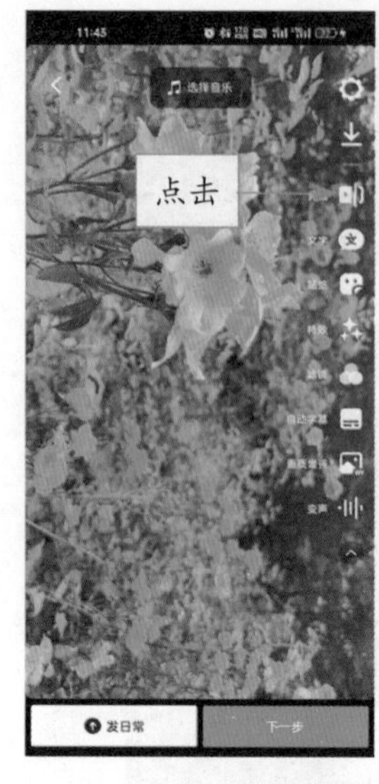

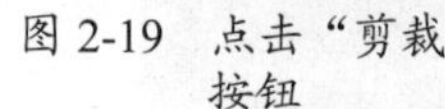

图 2-19　点击“剪裁”按钮

图 2-20　点击“旋转”按钮

2.1.5　倒放视频：提升视频吸引力

【效果展示】：使用抖音 App 可以对短视频进行倒放处理，从而让视频画面更具创意感，做出类似“时光倒流”的画面效果，如图 2-21 所示。

图 2-21　效果展示

下面介绍对视频进行倒放处理的具体操作方法。

	素材文件	素材 \ 第 2 章 \2.1.5.mp4
	效果文件	效果 \ 第 2 章 \2.1.5.mp4
	视频文件	扫码可直接观看视频

【操练 + 视频】——倒放视频：提升视频吸引力

STEP 01 在抖音 App 中导入一个视频素材，进入视频编辑界面，展开右侧工具栏，点击“剪裁”按钮，如图 2-22 所示。

STEP 02 进入剪裁界面，点击“倒放”按钮，如图 2-23 所示。

STEP 03 系统会对视频片段进行倒放处理，并显示处理进度，如图 2-24 所示。

STEP 04 稍等片刻，即可倒放所选视频片段，如图 2-25 所示。

图 2-22　点击“剪裁”按钮

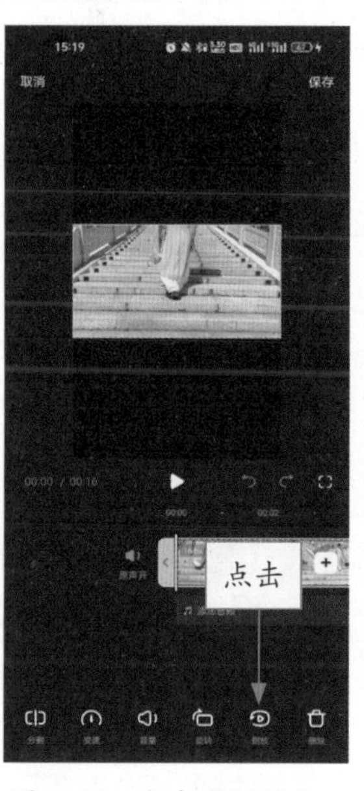

图 2-23　点击“倒放”按钮

图 2-24　显示倒放处理进度

图 2-25　倒放所选视频片段

2.2　音频剪辑：为爆火添砖加瓦

音频是短视频中非常重要的元素，添加一段合适的背景音乐或者语音旁白，能够为你的作品锦上添花。本节主要介绍短视频的音频剪辑和处理技巧，包括添加音乐、调整音量、淡化处理、分割素材、变速处理以及变声功能等。

2.2.1　添加音乐：提升视频的表现力

【效果展示】：抖音 App 具有丰富的曲库，用户可以根据短视频的情境和主题来选择合适的背景音乐，以此提升短视频的表现力，视频效果如图 2-26 所示。

图 2-26 效果展示

下面介绍为视频添加背景音乐的两种操作方法。

 	素材文件	素材 \ 第 2 章 \2.2.1.mp4
	效果文件	效果 \ 第 2 章 \2.2.1.mp4
	视频文件	扫码可直接观看视频

【操练 + 视频】——添加音乐：提升视频的表现力

1. 进入"剪裁"界面

第一种方法是进入剪裁界面中添加背景音乐，具体操作方法如下。

STEP 01 在抖音 App 中导入一个视频素材，进入视频编辑界面，展开右侧工具栏，点击"剪裁"按钮，如图 2-27 所示。

STEP 02 进入剪裁界面，点击"原声开"按钮，如图 2-28 所示，关闭原声。

图 2-27　点击"剪裁"按钮

图 2-28　关闭原声

STEP 03 点击"添加音频"按钮，如图 2-29 所示。

STEP 04 进入"选择音乐"界面，点击"搜索歌曲名称"搜索框，如图 2-30 所示。

图 2-29　点击"添加音频"按钮

图 2-30　点击搜索框

STEP 05 在搜索界面中，❶输入相应的关键词，点击“搜索”按钮；❷在搜索结果中选择一首合适的音乐，即可进行试听，如图 2-31 所示。

图 2-31　选择合适的音乐

STEP 06 点击“使用”按钮，即可将其添加到音频轨道中，如图 2-32 所示。

图 2-32　添加背景音乐

2. 点击“选择音乐”按钮

第二种方法是点击“选择音乐”按钮进行添加，具体操作方法如下。

STEP 01 在抖音 App 中导入一个视频素材，点击“选择音乐”按钮，如图 2-33 所示。

图 2-33　点击“选择音乐”按钮

STEP 02 弹出“推荐”面板，点击“发现”按钮，如图 2-34 所示。执行操作后，同样可以进入“选择音乐”界面，后面的操作方法跟上一方法相同，在此不再赘述。

图 2-34　点击“发现”按钮

2.2.2　调整音量：让音乐贴合视频

【效果展示】：使用抖音 App 可以对短视频声音进行调整，让视频音量适中，更加贴合短视频画面，视频效果如图 2-35 所示。

图 2-35　效果展示

下面介绍对音频进行音量调整的具体操作方法。

	素材文件	素材 \ 第 2 章 \2.2.2.mp4
	效果文件	效果 \ 第 2 章 \2.2.2.mp4
	视频文件	扫码可直接观看视频

【操练 + 视频】
——调整音量：让音乐贴合视频

STEP 01 在抖音 App 中导入一个视频素材，进入剪裁界面，❶为其添加一个背景音乐；❷点击“音量”按钮，如图 2-36 所示。

图 2-36　点击“音量”按钮

STEP 02 进入“音量”界面，拖曳滑块，将音量调至 200，如图 2-37 所示。

图 2-37　调整音量

2.2.3 淡化处理：缓和短视频音乐

【效果展示】：使用抖音 App 可以对短视频的背景音乐进行淡化处理。设置音频的淡入淡出效果后，可以让背景音乐变得柔和，视频效果如图 2-38 所示。

图 2-38 效果展示

下面介绍对音频进行淡化处理的具体操作方法。

	素材文件	素材 \ 第 2 章 \2.2.3.mp4
	效果文件	效果 \ 第 2 章 \2.2.3.mp4
	视频文件	扫码可直接观看视频

【操练 + 视频】——淡化处理：缓和短视频音乐

STEP 01 在抖音 App 中导入一个视频素材，进入视频编辑界面，展开右侧工具栏，点击“剪裁”按钮，如图 2-39 所示。

STEP 02 进入剪裁界面，为视频添加一个合适的背景音乐，如图 2-40 所示。

STEP 03 执行操作后，❶选择音频素材；❷点击“淡化”按钮，如图 2-41 所示。

图 2-39　点击“剪裁”按钮

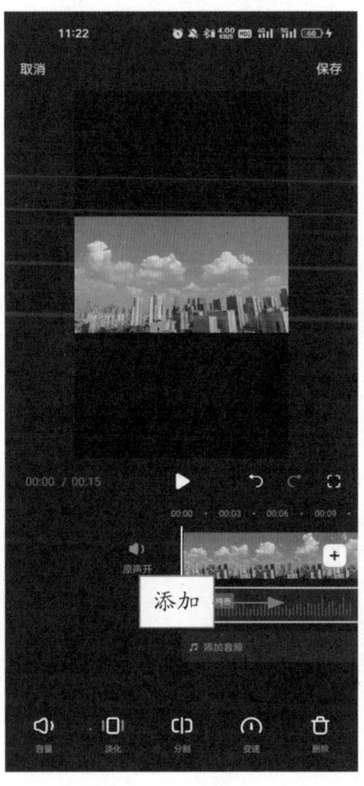

图 2-40　添加背景音乐

图 2-41　点击“淡化”按钮

STEP 04 进入“淡入淡出”界面，拖曳“淡入”选项右侧的圆形滑块，将“淡入”时长设置为 3.0s，如图 2-42 所示。

STEP 05 拖曳“淡出”选项右侧的圆形滑块，将“淡出”时长设置为 2.0s，如图 2-43 所示。

STEP 06 点击“确认”按钮☑完成处理，音频轨道上显示的前后音量都会有所下降，如图 2-44 所示。

图 2-42　设置“淡入”时长参数

图 2-43　设置“淡出”时长参数

图 2-44　前后音量下降

2.2.4　分割素材：删除多余的音乐

【效果展示】：用户可以通过抖音 App 对短视频的背景音乐进行分割，自由选择音频出现的时间点和结束的时间点，视频效果如图 2-45 所示。

图 2-45　效果展示

下面介绍分割音频素材的具体操作方法。

	素材文件	素材 \ 第 2 章 \2.2.4.mp4
	效果文件	效果 \ 第 2 章 \2.2.4.mp4
	视频文件	扫码可直接观看视频

【操练 + 视频】——分割素材：删除多余的音乐

STEP 01 在抖音 App 中导入一个视频素材，进入视频编辑界面，展开右侧工具栏，点击“剪裁”按钮，如图 2-46 所示。

STEP 02 进入剪裁界面，为其添加一个背景音乐，如图 2-47 所示。

STEP 03 ❶拖曳时间轴至需要分割的位置；❷点击“分割”按钮，如图 2-48 所示。

STEP 04 ❶选择分割出来的后半截音频片段；❷点击“删除”按钮，如图 2-49 所示，即可删除该音频片段。

图 2-46　点击“剪裁”按钮

图 2-47　添加背景音乐

图 2-48　点击“分割”按钮

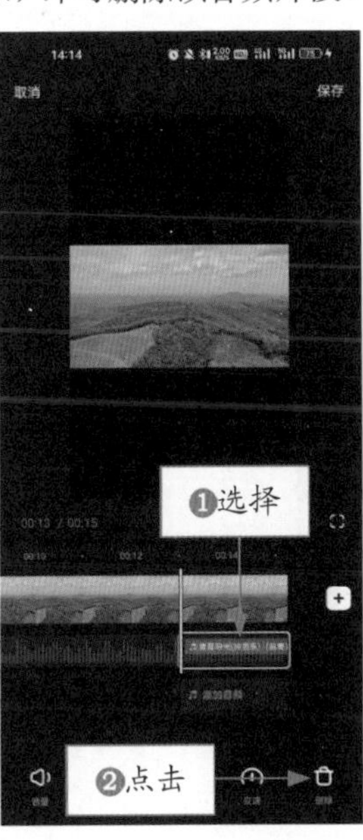

图 2-49　点击“删除”按钮

2.2.5　变速处理：改变音乐的速度

【效果展示】：使用抖音 App 可以对短视频的音频进行变速处理，从而改变背景音乐的播放速度，视频效果如图 2-50 所示。

图 2-50　效果展示

图 2-50　效果展示（续）

下面介绍对音频进行变速处理的具体操作方法。

（二维码）	素材文件	素材 \ 第 2 章 \2.2.5.mp4
	效果文件	效果 \ 第 2 章 \2.2.5.mp4
	视频文件	扫码可直接观看视频

【操练 + 视频】
——变速处理：改变音乐的速度

STEP 01 在抖音 App 中导入一个视频素材，进入视频编辑界面，展开右侧工具栏，点击“剪裁”按钮，如图 2-51 所示。

STEP 02 进入剪裁界面，点击“添加音频”按钮，如图 2-52 所示，为其添加一个背景音乐。

STEP 03 点击“变速”按钮，如图 2-53 所示。

STEP 04 进入“变速”界面，向左拖曳白色的圆形滑块，将其设置为 0.7x，如图 2-54 所示。

图 2-51　点击“剪裁”按钮

图 2-52　点击“添加音频”按钮

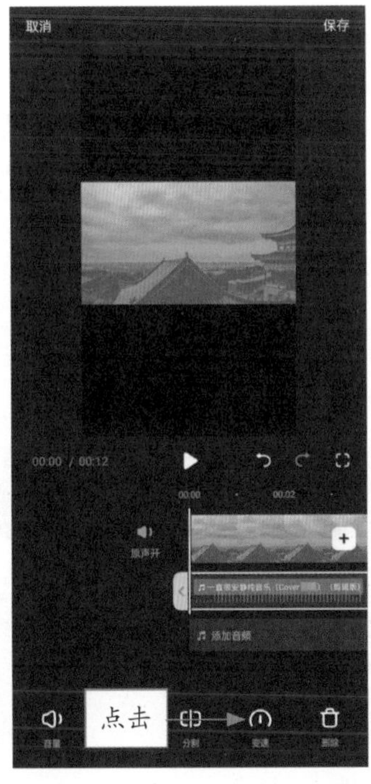

图 2-53　点击“变速”按钮

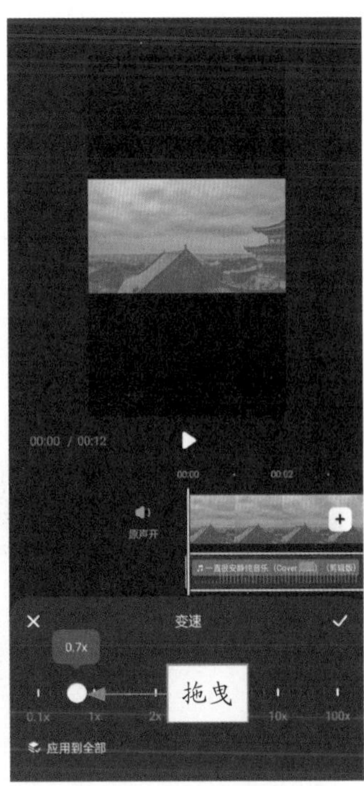

图 2-54　设置参数

2.2.6　变声功能：体验不同的音效

【效果展示】：使用抖音 App 可以对短视频的音频进行变声处理，实现不同的声音效果，视频效果如图 2-55 所示。

图 2-55　效果展示

下面介绍对音频进行变声处理的具体操作方法。

<table>
<tr><td rowspan="3"></td><td>素材文件</td><td>素材 \ 第 2 章 \2.2.6.mp4</td></tr>
<tr><td>效果文件</td><td>效果 \ 第 2 章 \2.2.6.mp4</td></tr>
<tr><td>视频文件</td><td>扫码可直接观看视频</td></tr>
</table>

【操练 + 视频】——变声功能：体验不同的音效

STEP 01 在抖音 App 中导入一段素材，进入视频编辑界面，展开右侧的工具栏，点击“变声”按钮，如图 2-56 所示。

STEP 02 进入变声界面，选择合适的音色，如“小哥哥”，如图 2-57 所示，即可改变声音效果。

图 2-56 点击“变声”按钮

图 2-57 选择音色

第3章

道具：学会了你也能变身为网红

章前知识导读

抖音 App 中有许多道具特效，我们可以使用其中的热门道具拍摄视频，以此来增加与观众的互动，提高视频的点击量。本章主要介绍使用不同道具拍摄视频的操作方法。

新手重点索引

- 人物：为画面增添新的配饰
- 风景：为周围环境营造氛围
- 新奇：吸引更多观众的注意

效果图片欣赏

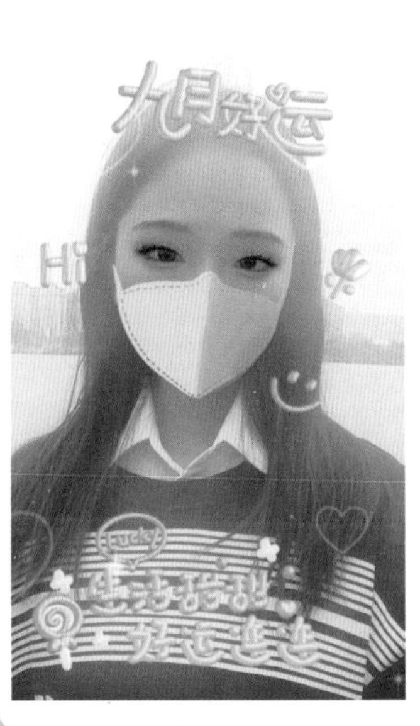

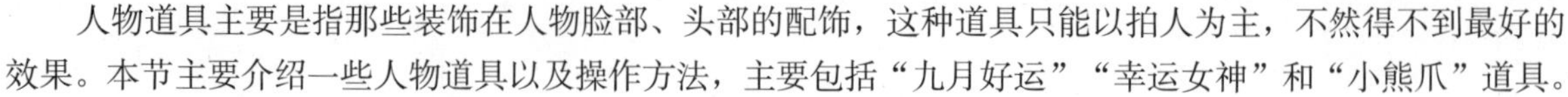

3.1 人物：为画面增添新的配饰

人物道具主要是指那些装饰在人物脸部、头部的配饰，这种道具只能以拍人为主，不然得不到最好的效果。本节主要介绍一些人物道具以及操作方法，主要包括“九月好运”“幸运女神”和“小熊爪”道具。

3.1.1 九月好运：紧跟最新的热门

【效果展示】：“九月好运”道具具有极强的时效性，最好在九月份刚开始的时候使用，这样才有新鲜感，效果如图 3-1 所示。

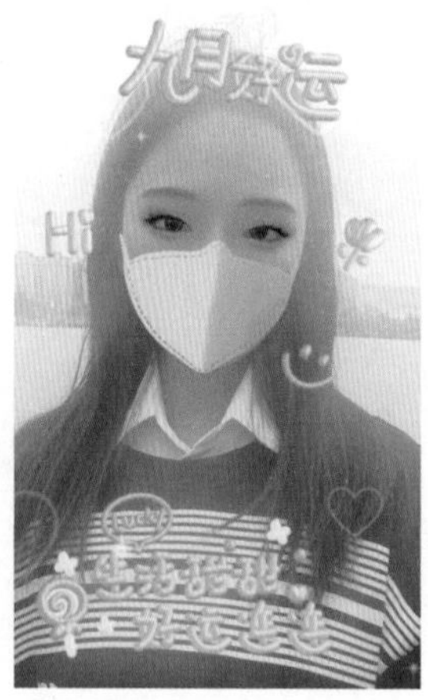

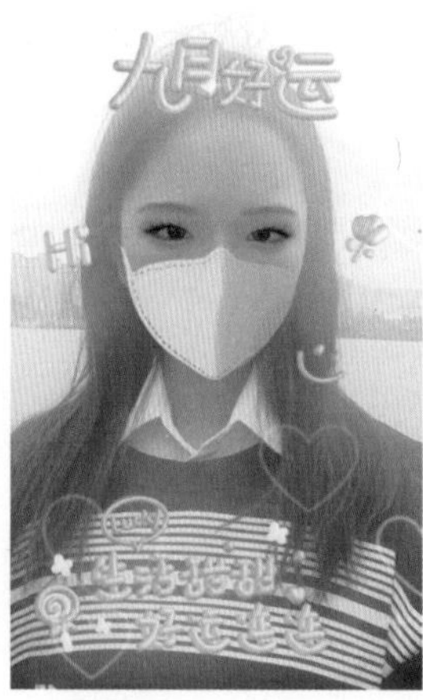

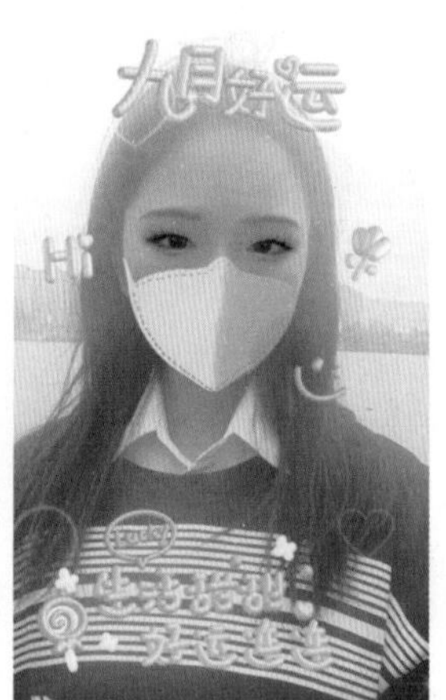

图 3-1　效果展示

下面介绍为视频添加“九月好运”道具的具体操作方法。

	素材文件	无
	效果文件	效果 \ 第 3 章 \3.1.1.mp4
	视频文件	扫码可直接观看视频

【操练＋视频】
——九月好运：紧跟最新的热门

STEP 01 打开抖音 App，点击正下方的加号图标，如图 3-2 所示。

STEP 02 进入视频拍摄界面，点击“特效”按钮，如图 3-3 所示。

图 3-2　点击加号图标

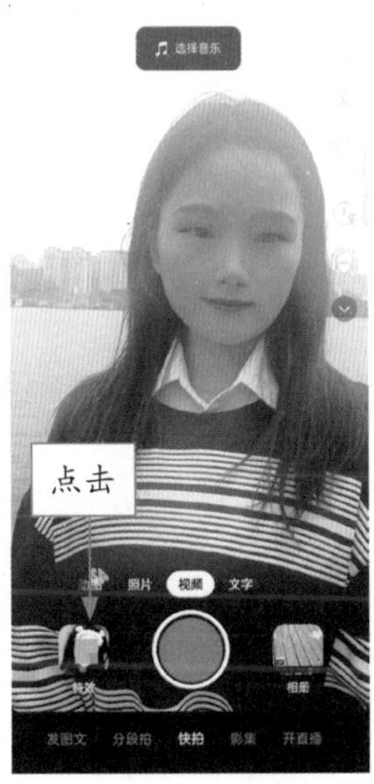

图 3-3　点击“特效”按钮

STEP 03 系统会默认切换至“热门”选项卡，并且会自动选择第一个道具特效，效果如图 3-4 所示。

STEP 04 ❶选择“九月好运”道具；❷点击屏幕返回视频拍摄界面，如图 3-5 所示。

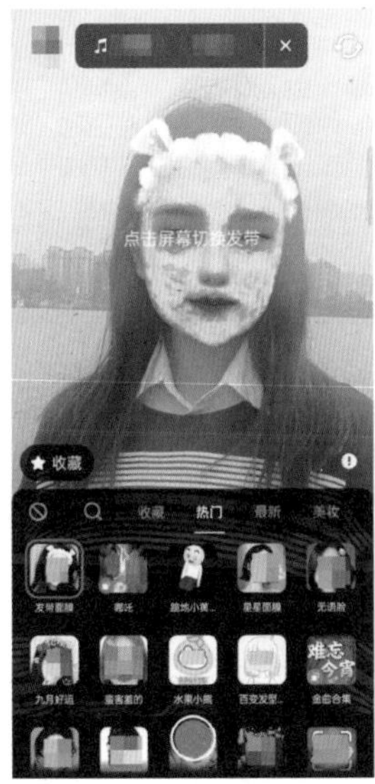
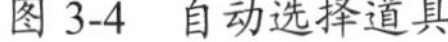

图 3-4　自动选择道具

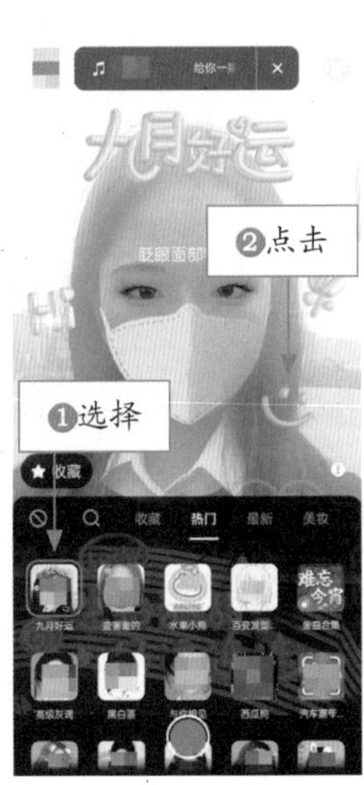

图 3-5　点击屏幕

STEP 05 点击拍摄按钮，如图 3-6 所示。

STEP 06 视频开始拍摄，并显示拍摄时长。点击“停止”按钮，如图 3-7 所示，即可完成拍摄。

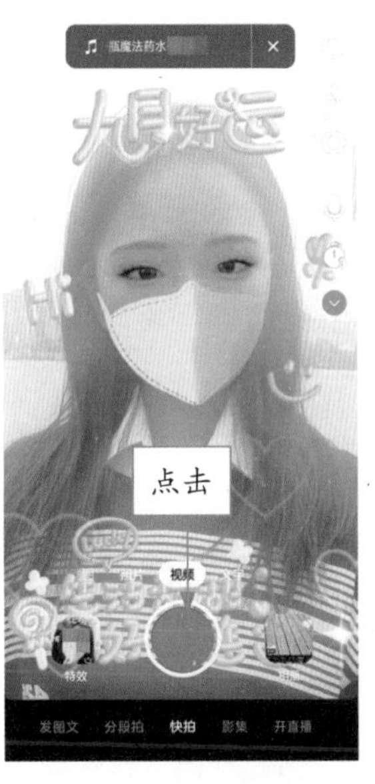

图 3-6　点击拍摄按钮

图 3-7　点击“停止”按钮

3.1.2　幸运女神：为观众带来好运

【效果展示】：“幸运女神”道具会为人物佩戴专门的头饰和耳环，头饰和耳环会随着爱心气泡的出现与消失不断变换颜色，效果如图 3-8 所示。

图 3-8　效果展示

图 3-8 效果展示（续）

下面介绍为视频添加“幸运女神”道具的具体操作方法。

	素材文件	无
	效果文件	效果 \ 第 3 章 \3.1.2.mp4
	视频文件	扫码可直接观看视频

【操练 + 视频】
——幸运女神：为观众带来好运

STEP 01 进入视频拍摄界面，点击“特效”按钮，如图 3-9 所示。

STEP 02 ❶在“热门”选项卡中选择“幸运女神”道具；❷点击屏幕返回视频拍摄界面，如图 3-10 所示。

图 3-9 点击“特效”按钮

图 3-10 点击屏幕

STEP 03 点击拍摄按钮，如图 3-11 所示。

STEP 04 视频开始拍摄，并且显示拍摄时长。点击停止按钮，如图 3-12 所示，即可完成视频拍摄。

图 3-11 点击拍摄按钮

图 3-12 点击停止按钮

3.1.3 小熊爪：营造可爱的氛围感

【效果展示】：“小熊爪”道具主要由小熊眼镜框、小熊耳朵以及脸部周围的小熊爪组成。“小熊爪”显示的道具数量恰到好处，分布也很均衡，不会给人特别突兀的感觉，而且会让人变得更加可爱，效果如图 3-13 所示。

图 3-13　效果展示

下面介绍为视频添加“小熊爪”道具的具体操作方法。

<table>
<tr><td rowspan="3"></td><td>素材文件</td><td>无</td></tr>
<tr><td>效果文件</td><td>效果 \ 第 3 章 \3.1.3.mp4</td></tr>
<tr><td>视频文件</td><td>扫码可直接观看视频</td></tr>
</table>

【操练+视频】——小熊爪：营造可爱的氛围感

STEP 01 进入视频拍摄界面，点击“特效”按钮，如图 3-14 所示。

STEP 02 ❶在“热门”选项卡中选择“小熊爪”道具；❷点击屏幕返回视频拍摄界面，如图 3-15 所示。

图 3-14　点击“特效”按钮

图 3-15　点击屏幕

STEP 03 点击拍摄按钮，如图 3-16 所示。

STEP 04 视频开始拍摄，并且显示拍摄时长。点击停止按钮，如图 3-17 所示，即可完成视频拍摄。

图 3-16　点击拍摄按钮

图 3-17　点击停止按钮

3.2 风景：为周围环境营造氛围

风景道具主要是指那些用来装饰周围环境的配饰，它不像人物道具那样只能用在人物身上，它的适用场所不受限制，既能拍摄人物，也能拍摄风景。除此之外，风景道具还有一个突出的特点，就是边框修饰得很满，不会显得特别单调。本节主要介绍一些风景道具以及操作方法，主要包括“立秋”和“七彩秋天”道具。

3.2.1 立秋：营造浓浓的秋日气氛

【效果展示】：“立秋”也是一个时效性比较强的道具，最好是在立秋当天拍摄，发布这个视频，这样反响会比其他时间好很多，效果如图 3-18 所示。

图 3-18　效果展示

下面介绍为视频添加“立秋”道具的具体操作方法。

	素材文件	无
	效果文件	效果 \ 第 3 章 \3.2.1.mp4
	视频文件	扫码可直接观看视频

【操练＋视频】
——立秋：塑造浓浓的秋日气氛

STEP 01 进入视频拍摄界面，点击“特效”按钮，如图 3-19 所示。

图 3-19 点击“特效”按钮

STEP 02 ❶切换至“氛围”选项卡；❷选择“立秋”道具；❸点击屏幕返回视频拍摄界面，如图 3-20 所示。

STEP 03 点击拍摄按钮●，如图 3-21 所示。

STEP 04 视频开始拍摄，并且显示拍摄时长。点击停止按钮⊙，如图 3-22 所示，即可完成视频拍摄。

图 3-20 点击屏幕

图 3-21 点击拍摄按钮

图 3-22　点击停止按钮

3.2.2　七彩秋天：增强画面色彩感

【效果展示】："七彩秋天"道具用很多种不同颜色的树叶组成两个花冠，同时画面的四周会有爱心泡泡飞舞，非常漂亮，效果如图 3-23 所示。

图 3-23　效果展示

图 3-23　效果展示（续）

下面介绍为视频添加"七彩秋天"道具的具体操作方法。

	素材文件	无
	效果文件	效果 \ 第 3 章 \3.2.2.mp4
	视频文件	扫码可直接观看视频

【操练 + 视频】
——七彩秋天：增强画面色彩感

STEP 01 进入视频拍摄界面，点击"特效"按钮，如图 3-24 所示。

STEP 02 ❶切换至"特效师"选项卡；❷选择"七彩秋天"道具；❸点击屏幕返回视频拍摄界面，如图 3-25 所示。

图 3-24 点击“特效”按钮

图 3-25 点击屏幕

STEP 03 点击拍摄按钮，如图 3-26 所示。

STEP 04 视频开始拍摄，并且显示拍摄时长。点击停止按钮，如图 3-27 所示，即可完成视频拍摄。

图 3-26 点击拍摄按钮

图 3-27 点击停止按钮

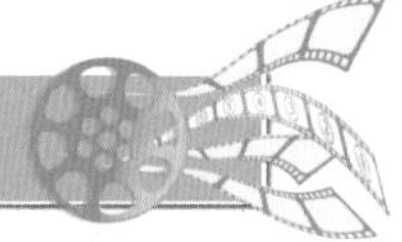

3.3 新奇：吸引更多观众的注意

新奇道具主要是指那些较少人知道，但是却很新颖、奇特的道具。使用新奇道具没有拍摄时间的要求，不受场景的限制，而且有一些道具可以直接选用手机相册里面的照片，不需要实景拍摄视频，非常方便。本节主要介绍一些新奇道具以及操作方法，主要包括“沙画”和“AR 恐龙”道具。

3.3.1　沙画：为视频增添别样意境

【效果展示】：“沙画”道具是指将照片用沙画的形式表达出来。沙画能够将原本清晰的照片变得更加有质感，虽然清晰度不如之前，但是却增添了一种别样的意境美，效果如图 3-28 所示。

图 3-28　效果展示

下面介绍为视频添加“沙画”道具的具体操作方法。

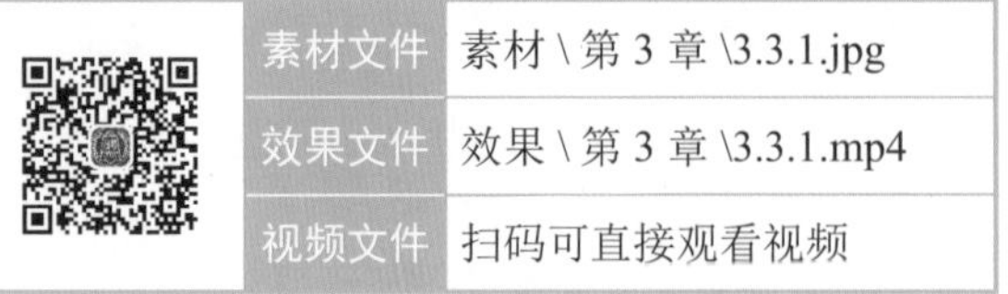

	素材文件	素材 \ 第 3 章 \3.3.1.jpg
	效果文件	效果 \ 第 3 章 \3.3.1.mp4
	视频文件	扫码可直接观看视频

【操练＋视频】
——沙画：为视频增添别样意境

STEP 01 打开抖音 App，点击正下方的加号图标，如图 3-29 所示。

图 3-29 点击加号图标

STEP 02 进入视频拍摄界面，点击“特效”按钮，如图 3-30 所示。

STEP 03 进入特效界面，系统会默认切换至“热门”选项卡，并且会自动选择第一个道具特效，效果如图 3-31 所示。

STEP 04 ❶切换至“新奇”选项卡；❷选择“沙画”道具；❸选择一张合适的照片，如图 3-32 所示。

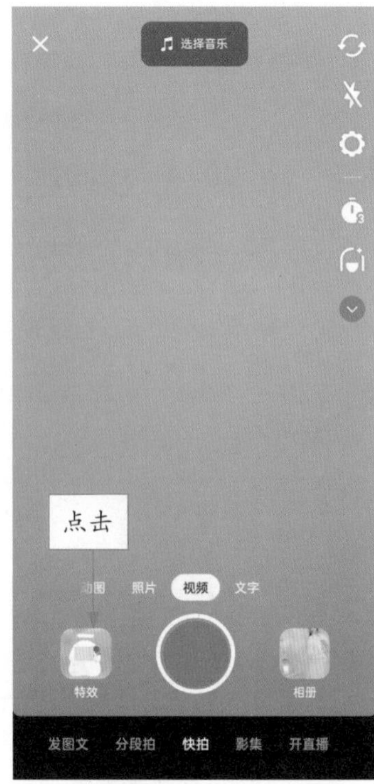

图 3-30 点击“特效”按钮

图 3-31 自动选择道具

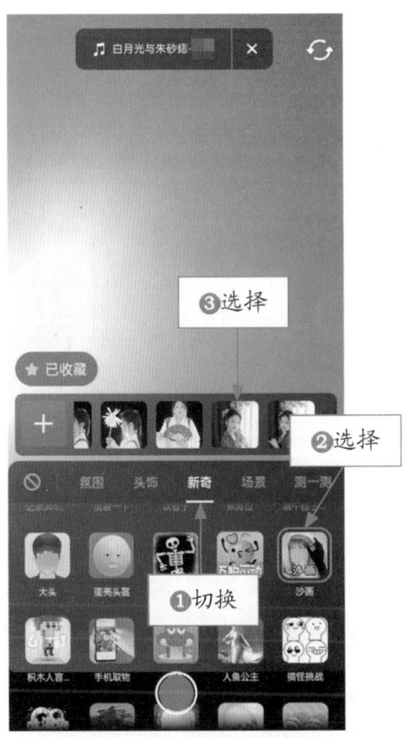

图 3-32 选择合适的照片

STEP 05 执行操作后，自动返回视频拍摄界面，点击拍摄按钮，如图 3-33 所示。

STEP 06 视频开始拍摄，并且显示拍摄时长。点击停止按钮，如图 3-34 所示，即可完成视频拍摄。

图 3-33 点击拍摄按钮

图 3-34 点击停止按钮

STEP 07 执行操作后，为视频选择一首合适的背景音乐，如图 3-35 所示。

图 3-35 选择背景音乐

STEP 08 点击屏幕返回视频编辑界面，再点击下载图标，如图 3-36 所示，即可将此视频保存到手机上。

图 3-36 点击下载图标

3.3.2 AR 恐龙：玩转虚拟道具特效

【效果展示】：“AR 恐龙”道具的使用不受时间和场地的限制，画面的主角是恐龙，在手机上看它会非常逼真，就像真的恐龙出现在镜头前一样，而且还会时不时发出叫声，非常真实，效果如图 3-37 所示。

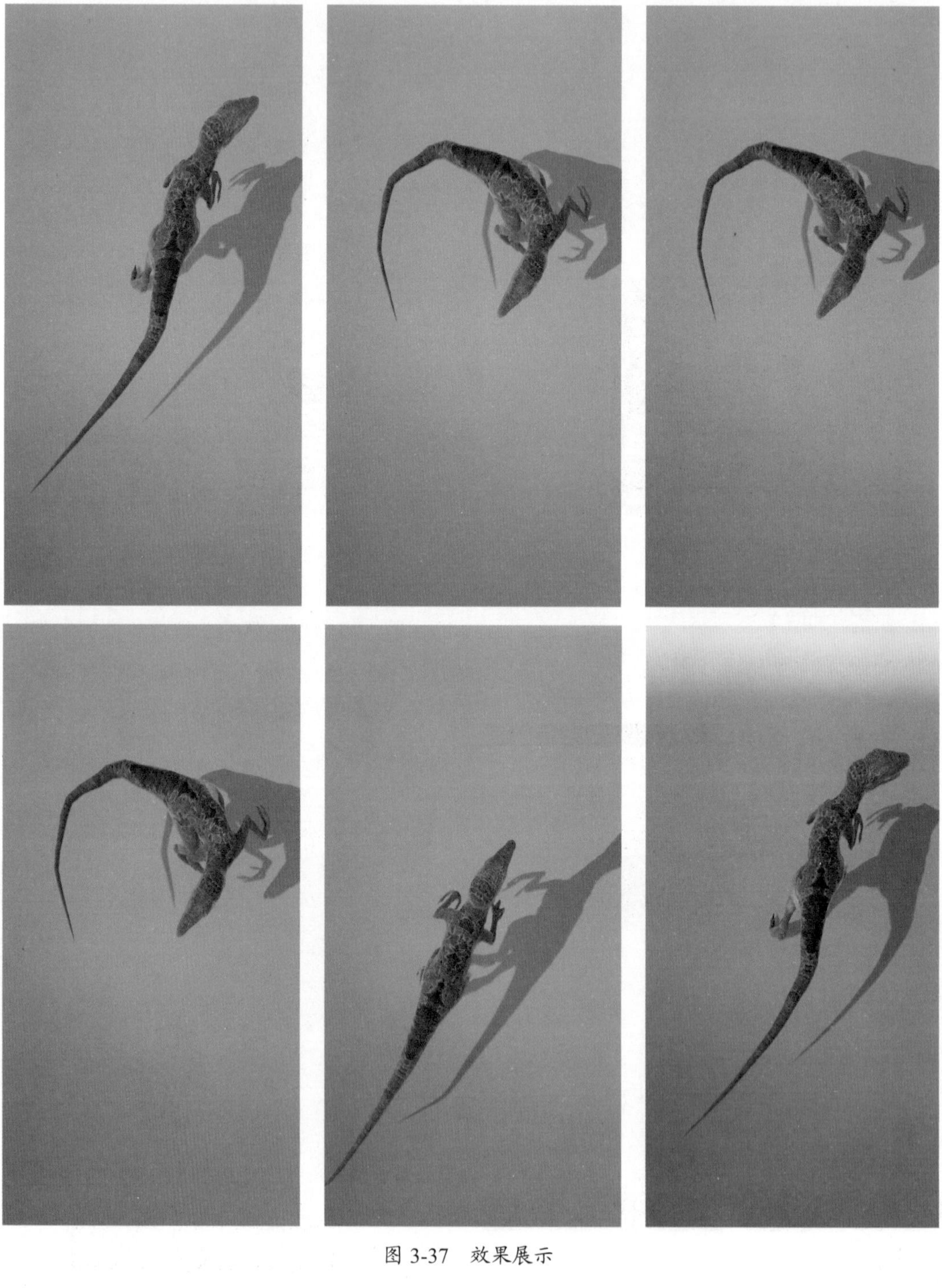

图 3-37 效果展示

下面介绍为视频添加“AR 恐龙”道具的具体操作方法。

	素材文件	无
	效果文件	效果 \ 第 3 章 \3.3.2.mp4
	视频文件	扫码可直接观看视频

【操练 + 视频】

——AR 恐龙：玩转虚拟道具特效

STEP 01 打开抖音 App，点击正下方的加号图标，如图 3-38 所示。

图 3-38　点击加号图标

STEP 02 进入视频拍摄界面，点击“特效”按钮，如图 3-39 所示。

STEP 03 进入特效界面，系统会默认切换至“热门”选项卡，并且会自动选择第一个道具特效，点击搜索图标，如图 3-40 所示。

STEP 04 ❶在搜索框中输入 AR；❷点击“搜索”按钮；❸选择“AR 恐龙”道具，如图 3-41 所示。

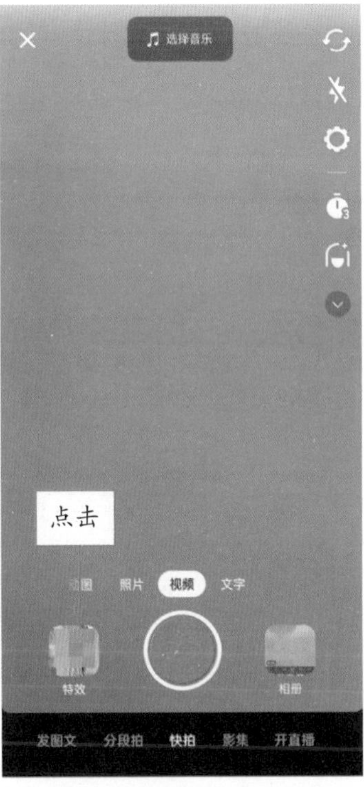

图 3-39　点击“特效”按钮

图 3-40　点击搜索图标

图 3-41　选择“AR 恐龙”道具

STEP 05 执行操作后，画面上会自动显示道具效果。点击屏幕，如图 3-42 所示。

图 3-42　点击屏幕

STEP 06 返回视频拍摄界面，点击拍摄按钮，如图 3-43 所示。

图 3-43　点击拍摄按钮

STEP 07 视频开始拍摄，并且显示拍摄时长。点击停止按钮，如图 3-44 所示，即可完成视频拍摄。

STEP 08 执行操作后，点击下载图标，如图 3-45 所示，即可将此视频保存到手机上。

图 3-44　点击停止按钮

图 3-45　点击下载图标

专家指点

AR（Augmented Reality）是指增强现实技术，它能够将虚拟信息与真实世界巧妙地融合起来，从而实现对真实世界的“增强”。

第4章

滤镜：让普通视频有大片既视感

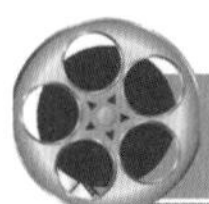

章前知识导读

滤镜是一种能够调节短视频画面色彩和画质效果的工具，在抖音 App 中有许多滤镜类型，它们适用于各种场景，能够给短视频带来不同的视觉体验。本章主要介绍抖音 App 中的各种滤镜应用技巧。

新手重点索引

- 精选滤镜：打造热门大片
- 分类滤镜：玩转不同场景

效果图片欣赏

4.1 精选滤镜：打造热门大片

在抖音 App 中上传视频时，画面中的人物或者景色有时看起来比较平淡，此时我们可以使用滤镜来改善这个问题。不管是人像视频还是风景视频，借用滤镜都能提高视频画面的美感度和观感度。本节主要介绍 4 种精选滤镜，包括冷系滤镜、暖食滤镜、雾野滤镜和 CT2 滤镜。

4.1.1 冷系滤镜：提高视频氛围感

【效果展示】：用户可以通过抖音 App 中的“冷系”滤镜来调节视频画面的冷白色调，提高色彩的饱和度，使人物肤色更加白皙，效果如图 4-1 所示。

图 4-1 效果展示

下面介绍为视频添加“冷系”滤镜的具体操作方法。

	素材文件	素材 \ 第 4 章 \4.1.1.mp4
	效果文件	效果 \ 第 4 章 \4.1.1.mp4
	视频文件	扫码可直接观看视频

【操练 + 视频】——冷系滤镜：提高视频氛围感

STEP 01 在抖音 App 中导入一个视频素材，进入视频编辑界面，点击展开图标，如图 4-2 所示。

STEP 02 展开右侧工具栏，点击“滤镜”按钮，如图 4-3 所示。

STEP 03 进入滤镜界面，系统会默认停留在“限定”选项卡，①切换至“精选”选项卡；②选择“冷系”滤镜，如图 4-4 所示。

STEP 04 拖曳滑块，设置滤镜的应用程度为 100，如图 4-5 所示。

图 4-2　点击展开图标

图 4-3　点击“滤镜”按钮

图 4-4　选择“冷系”滤镜

图 4-5　设置滤镜的应用程度

4.1.2　暖食滤镜：提升色彩饱和度

【效果展示】：用户可以通过抖音 App 中的“暖食”滤镜来调整视频画面的暖色调，同时还可以提高画面的色彩饱和度，让食物看起来更加诱人，效果如图 4-6 所示。

图 4-6　效果展示

下面介绍为视频添加“暖食”滤镜的具体操作方法。

<table>
<tr><td rowspan="3"></td><td>素材文件</td><td>素材 \ 第 4 章 \4.1.2.mp4</td></tr>
<tr><td>效果文件</td><td>效果 \ 第 4 章 \4.1.2.mp4</td></tr>
<tr><td>视频文件</td><td>扫码可直接观看视频</td></tr>
</table>

【操练 + 视频】
——暖食滤镜：提升色彩饱和度

STEP 01 在抖音 App 中导入一个视频素材，进入视频编辑界面，点击展开图标，如图 4-7 所示。

STEP 02 展开右侧工具栏，点击“滤镜”按钮，如图 4-8 所示。

图 4-7 点击展开图标

图 4-8 点击“滤镜”按钮

STEP 03 进入滤镜界面，❶切换至“精选”选项卡；❷选择“暖食”滤镜，如图 4-9 所示。

STEP 04 拖曳滑块，设置滤镜的应用程度为 100，如图 4-10 所示。

图 4-9 选择“暖食”滤镜

图 4-10 设置滤镜的应用程度

4.1.3 雾野滤镜：提升画面清凉感

【效果展示】：用户可以通过抖音 App 中的“雾野”滤镜来增加视频画面的蓝白色调，提高画面的冷系氛围，从而带给观众清凉之感，效果如图 4-11 所示。

图 4-11 效果展示

下面介绍为视频添加“雾野”滤镜的具体操作方法。

	素材文件	素材 \ 第 4 章 \4.1.3.mp4
	效果文件	效果 \ 第 4 章 \4.1.3.mp4
	视频文件	扫码可直接观看视频

【操练 + 视频】
——雾野滤镜：提升画面清凉感

STEP 01 在抖音 App 中导入一个视频素材，进入视频编辑界面，点击展开图标，如图 4-12 所示。

STEP 02 展开右侧工具栏，点击“滤镜”按钮，如图 4-13 所示。

图 4-12　点击展开图标

图 4-13　点击“滤镜”按钮

STEP 03 进入滤镜界面，❶切换至“精选”选项卡；❷选择“雾野”滤镜，如图 4-14 所示。

STEP 04 拖曳滑块，设置滤镜的应用程度为 100，如图 4-15 所示。

图 4-14　选择“雾野”滤镜

图 4-15　设置滤镜的应用程度

4.1.4　CT2 滤镜：增加视频格调感

【效果展示】：用户可以通过抖音 App 中的 CT2 滤镜来增加视频画面的格调。CT2 滤镜在提高画面冷白色调的同时，周围还附带有胶片质感的边框，而且还会显示制作这个视频的时间，效果如图 4-16 所示。

图 4-16　效果展示

图 4-16　效果展示（续）

下面介绍为视频添加 CT2 滤镜的具体操作方法。

（二维码）	素材文件	素材 \ 第 4 章 \4.1.4.mp4
	效果文件	效果 \ 第 4 章 \4.1.4.mp4
	视频文件	扫码可直接观看视频

【操练 + 视频】——CT2 滤镜：增加视频格调感

STEP 01 在抖音 App 中导入一个视频素材，进入视频编辑界面，点击展开图标，如图 4-17 所示。

STEP 02 展开右侧工具栏，点击“滤镜”按钮，如图 4-18 所示。

STEP 03 进入滤镜界面，❶切换至“精选”选项卡；❷选择 CT2 滤镜，如图 4-19 所示。

STEP 04 拖曳滑块，设置滤镜的应用程度为 100，如图 4-20 所示。

图 4-17　点击展开图标

图 4-18　点击“滤镜”按钮

图 4-19　选择 CT2 滤镜

图 4-20　设置滤镜的应用程度

4.2　分类滤镜：玩转不同场景

在抖音 App 中拍摄或上传视频时，除了使用系统精选出的滤镜之外，还有其他滤镜类型，它们适用于不同的场景，能够帮助用户轻松调整视频色彩色调。本节主要介绍各种分类滤镜的使用技巧。

4.2.1　人像滤镜：美化人像及环境

【效果展示】：用户可以通过抖音 App 中的人像滤镜对视频人物进行美化。人像滤镜的主要作用对象是人物，但是也可以对周围的背景产生不同的效果，获得不一样的氛围，效果如图 4-21 所示。

图 4-21　效果展示

图 4-21 效果展示（续）

下面介绍为视频添加两种人像滤镜的操作方法。

	素材文件	素材 \ 第 4 章 \4.2.1.mp4
	效果文件	效果 \ 第 4 章 \4.2.1（1）.mp4、4.2.1（2）.mp4
	视频文件	扫码可直接观看视频

【操练 + 视频】——人像滤镜：美化人像及环境

1. “自然”滤镜

第一种是“自然”滤镜，它可以模拟大自然的色调效果，具体操作方法如下。

STEP 01 在抖音 App 中导入一个视频素材，进入视频编辑界面，点击展开图标，如图 4-22 所示。

STEP 02 展开右侧工具栏，点击“滤镜”按钮，如图 4-23 所示。

图 4-22 点击展开图标

图 4-23 点击“滤镜”按钮

STEP 03 进入滤镜界面，❶切换至"人像"选项卡，❷选择"自然"滤镜，如图 4-24 所示。

图 4-24 选择"自然"滤镜

STEP 04 拖曳滑块，设置滤镜的应用程度为 100，如图 4-25 所示。

图 4-25 设置滤镜的应用程度

2. "粉瓷"滤镜

第二种是"粉瓷"滤镜，它可以模拟出粉瓷质感的色调。此滤镜的前两步操作与上一滤镜完全相同，在此不再赘述，剩下的具体操作方法如下。

STEP 01 进入滤镜界面，❶切换至"人像"选项卡；❷选择"粉瓷"滤镜，如图 4-26 所示。

图 4-26 选择"粉瓷"滤镜

STEP 02 拖曳滑块，设置滤镜的应用程度为 100，如图 4-27 所示。

图 4-27 设置滤镜的应用程度

4.2.2 日常滤镜：让画面自然清新

【效果展示】：用户可以通过抖音 App 中的日常滤镜对视频进行美化，日常滤镜的使用频率很高，而且适用范围很广，效果如图 4-28 所示。

图 4-28 效果展示

下面介绍为视频添加两种日常滤镜的操作方法。

素材文件	素材 \ 第 4 章 \4.2.2.mp4
效果文件	效果 \ 第 4 章 \4.2.2（1）.mp4、4.2.2（2）.mp4
视频文件	扫码可直接观看视频

【操练＋视频】——日常滤镜：让画面自然清新

1. “原相机”滤镜

第一种是“原相机”滤镜，它可以模拟出相机质感的拍摄效果，具体操作方法如下。

STEP 01 在抖音 App 中导入一个视频素材，进入视频编辑界面，点击展开图标，如图 4-29 所示。

STEP 02 展开右侧工具栏，点击“滤镜”按钮，如图 4-30 所示。

图 4-29　点击展开图标

图 4-30　点击“滤镜”按钮

STEP 03 进入滤镜界面后，❶切换至“日常”选项卡；❷选择“原相机”滤镜，如图 4-31 所示。

STEP 04 拖曳滑块，设置滤镜的应用程度为 100，如图 4-32 所示。

图 4-31　选择“原相机”滤镜

图 4-32　设置滤镜的应用程度

2. “高清”滤镜

第二种是“高清”滤镜，它可以模拟出高清质感的拍摄效果。此滤镜的前两步操作与上一滤镜完全相同，在此不再赘述，剩下的具体操作方法如下。

STEP 01 进入滤镜界面，❶切换至“日常”选项卡；❷选择“高清”滤镜，如图 4-33 所示。

STEP 02 拖曳滑块，设置滤镜的应用程度为 100，如图 4-34 所示。

图 4-33　选择“高清”滤镜

图 4-34　设置滤镜的应用程度

4.2.3　复古滤镜：增加视频故事感

【效果展示】：用户可以通过抖音 App 中的复古滤镜对视频进行氛围调整。使用复古滤镜能让视频画面看起来非常有故事感，仿佛在诉说着一段古老的故事，让人产生身临其境的感觉，效果如图 4-35 所示。

图 4-35　效果展示

图 4-35　效果展示（续）

下面介绍为视频添加两种复古滤镜的操作方法。

 	素材文件	素材 \ 第 4 章 \4.2.3.mp4
	效果文件	效果 \ 第 4 章 \4.2.3（1）.mp4、4.2.3（2）.mp4
	视频文件	扫码可直接观看视频

【操练＋视频】
——复古滤镜：增加视频故事感

1. “卡梅尔”滤镜

第一种是“卡梅尔”滤镜，它可以模拟出暗色调的拍摄效果，具体操作方法如下。

STEP 01 在抖音 App 中导入一个视频素材，进入视频编辑界面，点击展开图标，如图 4-36 所示。

STEP 02 展开右侧工具栏，点击“滤镜”按钮，如图 4-37 所示。

图 4-36　点击展开图标

图 4-37　点击“滤镜”按钮

STEP 03 进入滤镜界面后，❶切换至“复古”选项卡；❷选择“卡梅尔”滤镜，如图 4-38 所示。

图 4-38 选择“卡梅尔”滤镜

STEP 04 拖曳滑块，设置滤镜的应用程度为 100，如图 4-39 所示。

图 4-39 设置滤镜的应用程度

2. “拍立得”滤镜

第二种是“拍立得”滤镜，它可以模拟出拍立得的拍摄效果。此滤镜的前两步操作与上一滤镜完全相同，在此不再赘述，剩下的具体操作方法如下。

STEP 01 进入滤镜界面后，❶切换至“复古”选项卡；❷选择“拍立得”滤镜，如图 4-40 所示。

图 4-40 选择“拍立得”滤镜

STEP 02 拖曳滑块，设置滤镜的应用程度为 100，如图 4-41 所示。

图 4-41 设置滤镜的应用程度

4.2.4 美食滤镜：提高画面观赏性

【效果展示】：用户可以通过抖音 App 中的美食滤镜对视频中的食物进行色彩调整，让视频画面中的食物看起来非常可口，让人垂涎欲滴，效果如图 4-42 所示。

图 4-42 效果展示

下面介绍为视频添加两种美食滤镜的操作方法。

		素材文件	素材 \ 第 4 章 \4.2.4.mp4
		效果文件	效果 \ 第 4 章 \4.2.4（1）.mp4、4.2.4（2）.mp4
		视频文件	扫码可直接观看视频

【操练＋视频】——美食滤镜：提高画面观赏性

1. “料理”滤镜

第一种是“料理”滤镜，它可以调出鲜艳美味的高饱和度色调效果，具体操作方法如下。

STEP 01 在抖音 App 中导入一个视频素材，进入视频编辑界面，点击展开图标，如图 4-43 所示。

STEP 02 展开右侧工具栏，点击“滤镜”按钮，如图 4-44 所示。

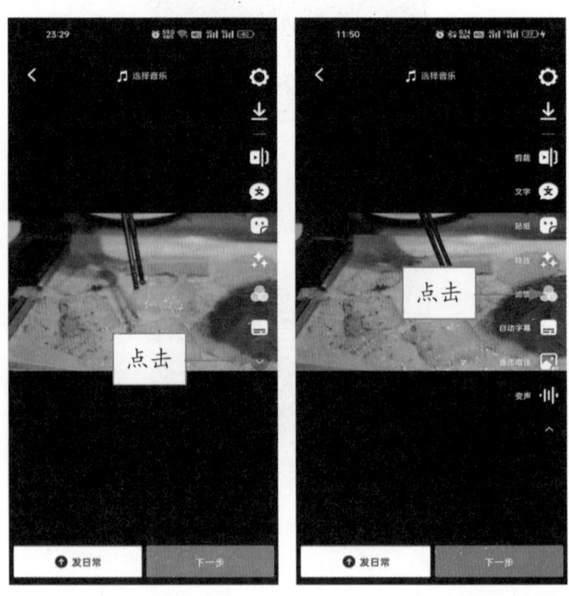

图 4-43 点击展开图标　图 4-44 点击“滤镜”按钮

STEP 03 进入滤镜界面，❶切换至“美食”选项卡；❷选择“料理”滤镜，如图 4-45 所示。

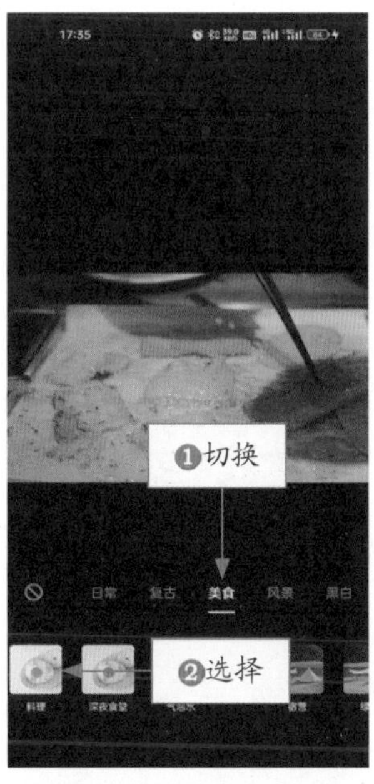

图 4-45　选择“料理”滤镜

STEP 04 拖曳滑块，设置滤镜的应用程度为 100，如图 4-46 所示。

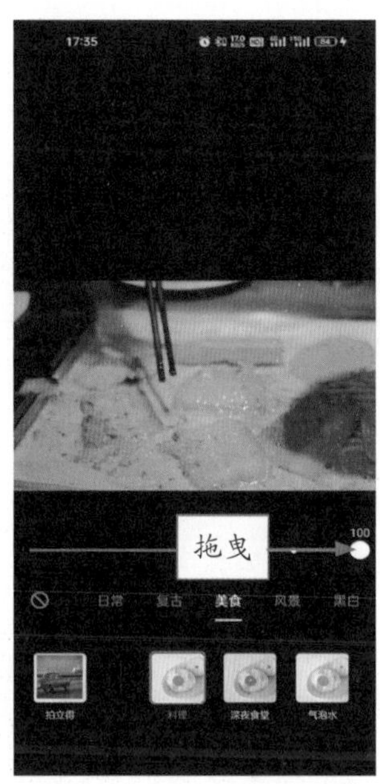

图 4-46　设置滤镜的应用程度

2. “深夜食堂”滤镜

第二种是“深夜食堂”滤镜，它可以调出暗色调的氛围感。此滤镜的前两步操作与上一滤镜完全相同，在此不再赘述，剩下的具体操作方法如下。

STEP 01 进入滤镜界面后，❶切换至“美食”选项卡；❷选择“深夜食堂”滤镜，如图 4-47 所示。

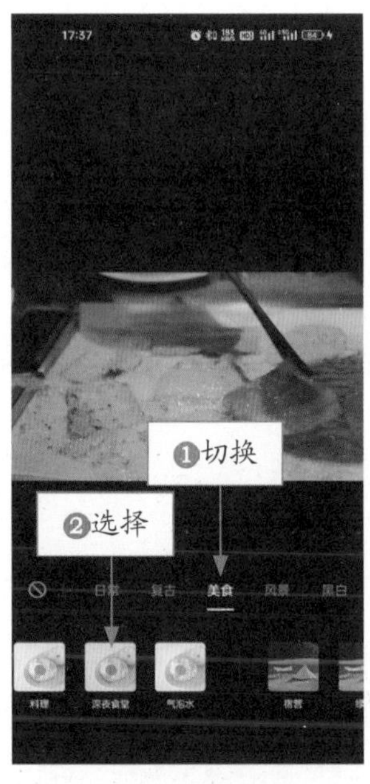

图 4-47　选择“深夜食堂”滤镜

STEP 02 拖曳滑块，设置滤镜的应用程度为 100，如图 4-48 所示。

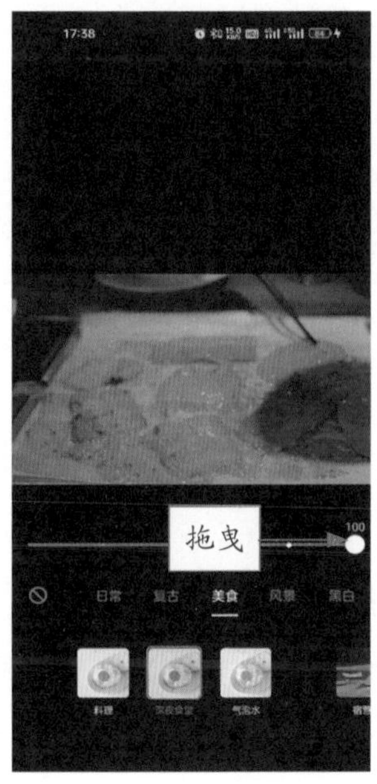

图 4-48　设置滤镜的应用程度

4.2.5 风景滤镜：提高视频美观性

【效果展示】：用户可以通过抖音 App 中的风景滤镜对视频中的风光进行美化，让视频画面中的风景看起来更加美丽，能吸引更多人观看，效果如图 4-49 所示。

图 4-49 效果展示

下面介绍为视频添加两种风景滤镜的操作方法。

 	素材文件	素材 \ 第 4 章 \4.2.5.mp4
	效果文件	效果 \ 第 4 章 \4.2.5（1）.mp4、4.2.5（2）.mp4
	视频文件	扫码可直接观看视频

【操练 + 视频】——风景滤镜：提高视频美观性

1. “宿营”滤镜

第一种是“宿营”滤镜，它可以增强画面的明暗层次感，具体操作方法如下。

STEP 01 在抖音 App 中导入一个视频素材，进入视频编辑界面，点击展开图标，如图 4-50 所示。

STEP 02 展开右侧工具栏，点击“滤镜”按钮，如图 4-51 所示。

STEP 03 进入滤镜界面，❶切换至“风景”选项卡；❷选择“宿营”滤镜，如图 4-52 所示。

图 4-50　点击展开图标

图 4-51　点击“滤镜”按钮

图 4-52　选择“宿营”滤镜

STEP 04 拖曳滑块，设置滤镜的应用程度为 100，如图 4-53 所示。

图 4-53　设置滤镜的应用程度

2. “晚樱”滤镜

第二种是“晚樱”滤镜，它可以模拟出樱花质感的色调效果。此滤镜的前两步操作与上一滤镜完全相同，在此不再赘述，剩下的具体操作方法如下。

STEP 01 进入滤镜界面，❶切换至“风景”选项卡，❷选择“晚樱”滤镜，如图 4-54 所示。

图 4-54　选择“晚樱”滤镜

STEP 02 拖曳滑块，设置滤镜的应用程度为 100，如图 4-55 所示。

图 4-55　设置滤镜的应用程度

4.2.6　黑白滤镜：增加时代距离感

【效果展示】：用户可以通过抖音 App 中的黑白滤镜对视频进行调色，让视频中原本色彩鲜艳的风景变得暗沉，无形中增加了画面的氛围，二者对比使画面中的风景看起来像是两个时代的交融，传达出不一样的故事感，效果如图 4-56 所示。

图 4-56　效果展示

图 4-56　效果展示（续）

下面介绍为视频添加两种黑白滤镜的操作方法。

 	素材文件	素材 \ 第 4 章 \4.2.6.mp4
	效果文件	效果 \ 第 4 章 \4.2.6（1）.mp4、4.2.6（2）.mp4
	视频文件	扫码可直接观看视频

【操练 + 视频】——黑白滤镜：增加时代距离感

1．“默片”滤镜

第一种是“默片”滤镜，它可以模拟出复古默片的色调效果，具体操作方法如下。

STEP 01 在抖音 App 中导入一个视频素材，进入视频编辑界面，点击展开图标，如图 4-57 所示。

STEP 02 展开右侧工具栏，点击“滤镜”按钮，如图 4-58 所示。

图 4-57　点击展开图标

图 4-58　点击“滤镜”按钮

STEP 03 进入滤镜界面，❶切换至“黑白”选项卡；❷选择“默片”滤镜，如图 4-59 所示。

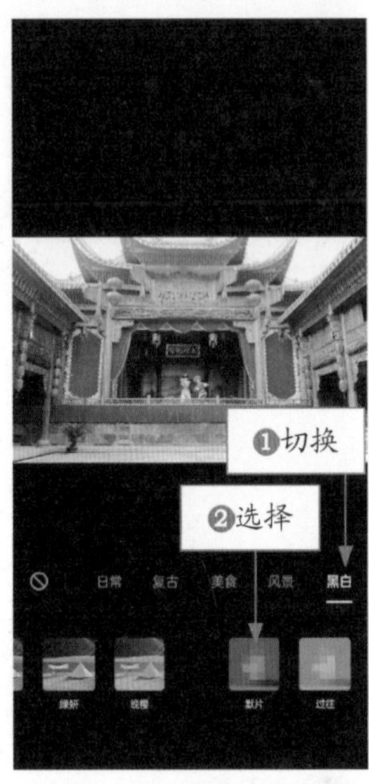

图 4-59 选择“默片”滤镜

STEP 04 拖曳滑块，设置滤镜的应用程度为 100，如图 4-60 所示。

图 4-60 设置滤镜的应用程度

2. “过往”滤镜

第二种是“过往”滤镜，它可以呈现出一种过往时光的复古感。此滤镜的前两步操作与上一滤镜完全相同，在此不再赘述，剩下的具体操作方法如下。

STEP 01 进入滤镜界面，❶切换至“黑白”选项卡；❷选择“过往”滤镜，如图 4-61 所示。

图 4-61 选择“过往”滤镜

STEP 02 拖曳滑块，设置滤镜的应用程度为 100，如图 4-62 所示。

图 4-62 设置滤镜的应用程度

4.2.7　质感滤镜：提高画面清晰度

【效果展示】：用户可以通过抖音 App 中的画质增强功能和风景滤镜来提升画质，提高色彩的饱和度和清晰度，使画面更高清美观，效果如图 4-63 所示。

图 4-63　效果展示

下面介绍使用画质增强功能和风景滤镜的具体操作方法。

	素材文件	素材 \ 第 4 章 \4.2.7.mp4
	效果文件	效果 \ 第 4 章 \4.2.7.mp4
	视频文件	扫码可直接观看视频

【操练 + 视频】——质感滤镜：提高画面清晰度

STEP 01 在抖音 App 中导入一个视频素材，进入视频编辑界面，点击展开图标，如图 4-64 所示。

STEP 02 展开右侧工具栏，❶点击“画质增强”按钮；❷点击“滤镜”按钮，如图 4-65 所示。

图 4-64 点击展开图标

图 4-65 点击“滤镜”按钮

STEP 03 进入滤镜界面，❶切换至“风景”选项卡；❷选择“绿妍”滤镜，如图 4-66 所示。

STEP 04 拖曳滑块，设置滤镜的应用程度为 100，如图 4-67 所示。

图 4-66 选择“绿妍”滤镜

图 4-67 设置滤镜的应用程度

第5章

美化：让视频中的人物变得更美

章前知识导读

"美化"是人物视频后期处理中不可或缺的一项功能，它可以让视频中的人物变得更美，从而呈现出最完美的画面效果，吸引更多的观众观看。本章主要介绍使用抖音 App 美化人物的各种方法。

新手重点索引

- 美颜：改善视频画面的观感
- 美体：提高视频画面的美感
- 风格妆：提高视频制作效率

效果图片欣赏

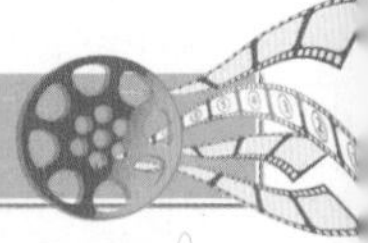

5.1 美颜：改善视频画面的观感

在抖音 App 中拍摄人物视频时，美颜是应用最为广泛的功能之一。美颜功能主要用于完善人物脸部精致度来达到美化的效果，如磨皮、瘦脸等。因为美颜功能只是调整脸部部位的参数，并不会增添新的东西，所以不会让人物脸部有太大的变化，因此能够营造出“素颜也很美”的氛围。本节主要介绍美颜功能的使用方法，包括“磨皮”“瘦脸”“大眼”和“美白”等。

5.1.1 磨皮效果：使脸部更加细腻

【效果展示】：“磨皮”效果的作用是消除人脸上的瑕疵，对人物脸部进行磨皮，使人物脸部更加细腻、皮肤更加光滑，效果如图 5-1 所示。

图 5-1 效果展示

下面介绍添加“磨皮”效果的具体操作方法。

	素材文件	无
	效果文件	效果 \ 第 5 章 \5.1.1.mp4
	视频文件	扫码可直接观看视频

【操练 + 视频】
——磨皮效果：使脸部更加细腻

STEP 01 打开抖音 App，点击正下方的加号图标，如图 5-2 所示。

STEP 02 进入视频拍摄界面，点击展开图标，如图 5-3 所示。

STEP 03 展开右侧工具栏，点击“美化”按钮，如图 5-4 所示。

STEP 04 进入美化界面，系统会默认切换至“美颜”选项卡，选择“女神模式”选项，如图 5-5 所示。

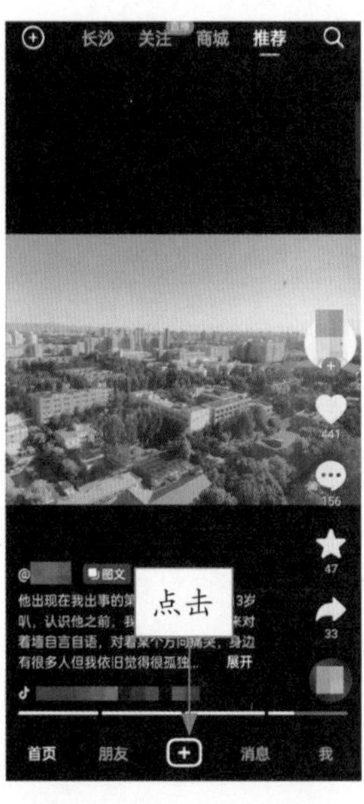

图 5-2 点击加号图标

图 5-3 点击展开图标

图 5-4 点击“美化”按钮

图 5-5 选择“女神模式”选项

STEP 05 点击编辑图标，进入“女神模式”界面，如图 5-6 所示。

STEP 06 ❶选择“磨皮”选项；❷拖曳滑块将其应用程度设置为 100；❸点击屏幕返回视频拍摄界面，如图 5-7 所示。

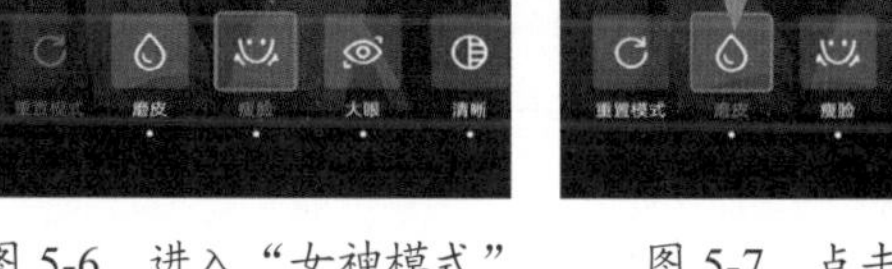

图 5-6　进入“女神模式”界面　　图 5-7　点击屏幕

STEP 07 点击拍摄按钮，如图 5-8 所示。

STEP 08 视频开始拍摄，并显示拍摄时长。点击停止按钮，如图 5-9 所示，即可完成拍摄。

图 5-8　点击拍摄按钮　　图 5-9　点击停止按钮

5.1.2　瘦脸效果：使脸型流畅自然

【效果展示】：“瘦脸”效果，顾名思义就是让脸变小。“瘦脸”效果一般会自动调整脸颊和下颚，它不仅会使脸部变得更加立体，而且还会让脸型更加流畅、自然，使其达到大众性的美学标准，效果如图 5-10 所示。

图 5-10　效果展示

下面介绍添加“瘦脸”效果的具体操作方法。

	素材文件	无
	效果文件	效果 \ 第 5 章 \5.1.2.mp4
	视频文件	扫码可直接观看视频

【操练+视频】——瘦脸效果：使脸型流畅自然

STEP 01 进入视频拍摄界面，点击展开图标，如图5-11所示。

STEP 02 展开右侧工具栏，点击“美化”按钮，如图5-12所示。

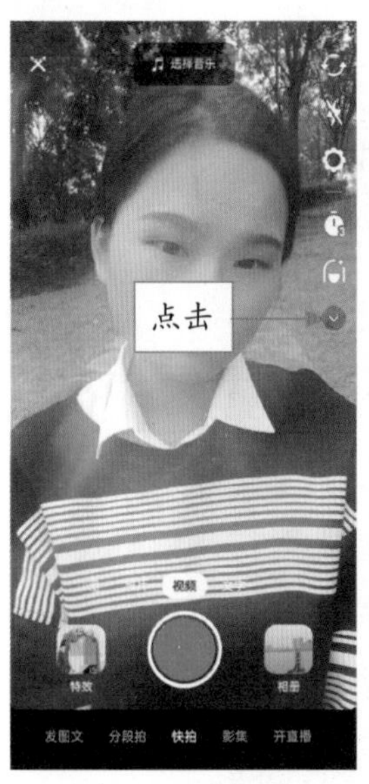

图5-11 点击展开图标

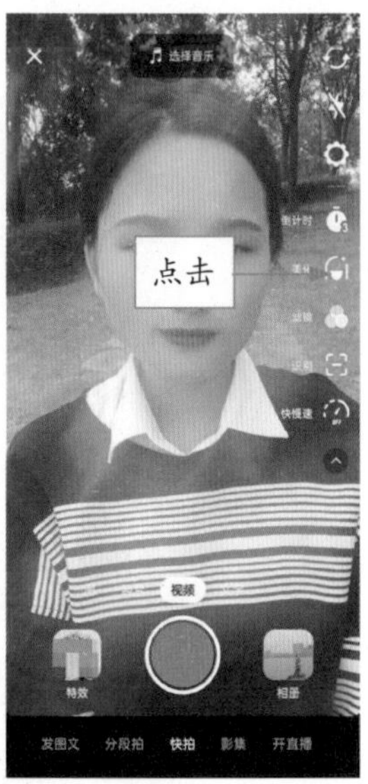

图5-12 点击“美化”按钮

STEP 03 进入美化界面，系统会默认切换至“美颜”选项卡，选择“女神模式”选项，如图5-13所示。

STEP 04 点击编辑图标，进入“女神模式”界面，如图5-14所示。

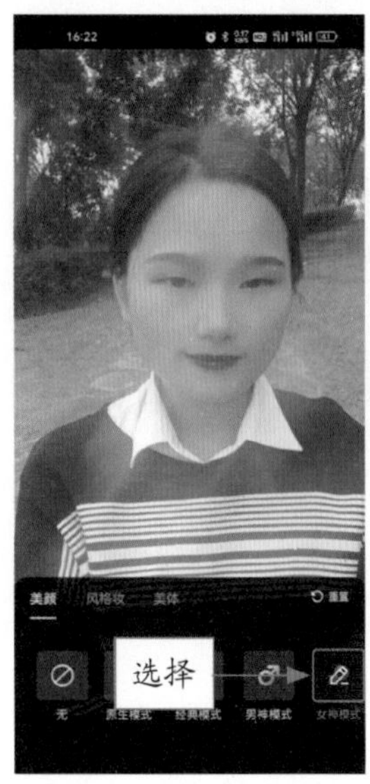

图5-13 选择“女神模式”选项

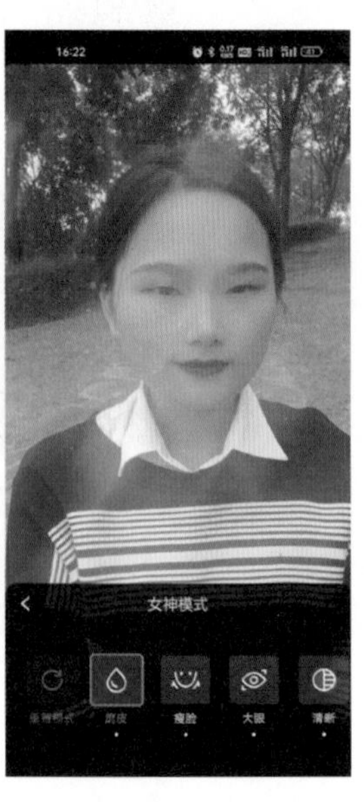

图5-14 进入“女神模式”界面

STEP 05 选择“瘦脸”选项，进入“瘦脸”界面，如图5-15所示。

STEP 06 执行操作后，❶拖曳滑块将其应用程度设置为100；❷点击屏幕返回视频拍摄界面，如图5-16所示。

图5-15 进入“瘦脸”界面

图5-16 点击屏幕

STEP 07 点击拍摄按钮，如图5-17所示。

STEP 08 视频开始拍摄，并且显示拍摄时长。点击停止按钮，如图5-18所示，即可完成视频拍摄。

图5-17 点击拍摄按钮

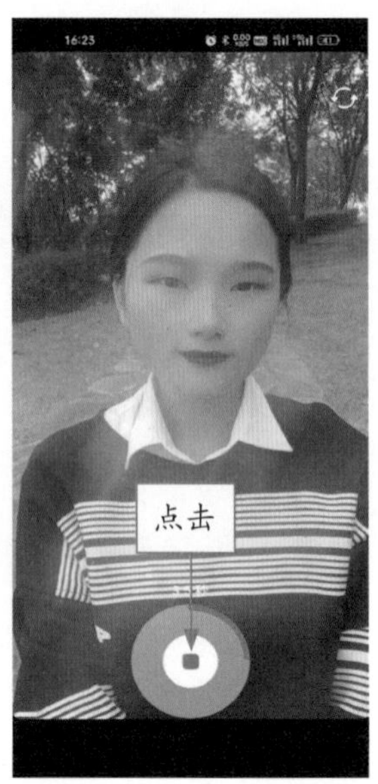

图5-18 点击停止按钮

5.1.3　大眼效果：使眼睛变得有神

【效果展示】："大眼"效果的作用是让眼睛变大，这种效果不仅可以使眼睛变得更加有神，还能平衡整体美观度，效果如图 5-19 所示。

图 5-19　效果展示

下面介绍添加"大眼"效果的具体操作方法。

	素材文件	无
	效果文件	效果 \ 第 5 章 \5.1.3.mp4
	视频文件	扫码可直接观看视频

【操练 + 视频】——大眼效果：使眼睛变得有神

STEP 01 进入视频拍摄界面，点击展开图标，如图 5-20 所示。

STEP 02 展开右侧工具栏，点击"美化"按钮，如图 5-21 所示。

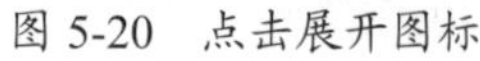

图 5-20　点击展开图标

图 5-21　点击“美化”按钮

STEP 03 进入美化界面，系统会默认切换至“美颜”选项卡，选择“女神模式”选项，如图 5-22 所示。

STEP 04 点击编辑图标，进入“女神模式”界面，如图 5-23 所示。

图 5-22　选择“女神模式”选项

图 5-23　进入“女神模式”界面

STEP 05 执行操作后，选择“大眼”选项，如图 5-24 所示。

STEP 06 ❶拖曳滑块将其应用程度设置为 100；❷点击屏幕返回视频拍摄界面，如图 5-25 所示。

图 5-24　选择“大眼”选项

图 5-25　点击屏幕

STEP 07 点击拍摄按钮，如图 5-26 所示。

STEP 08 视频开始拍摄，并且显示拍摄时长。点击停止按钮，如图 5-27 所示，即可完成视频拍摄。

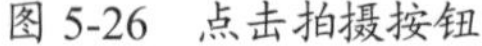

图 5-26　点击拍摄按钮

图 5-27　点击停止按钮

5.1.4　美白效果：让肤色均匀透亮

【效果展示】：“美白”效果的作用是美白人物的皮肤，调节肤色状态，让人物看起来更精致，效果如图 5-28 所示。

图 5-28　效果展示

下面介绍添加“美白”效果的具体操作方法。

	素材文件	无
	效果文件	效果 \ 第 5 章 \5.1.4.mp4
	视频文件	扫码可直接观看视频

【操练 + 视频】——美白效果：让肤色均匀透亮

STEP 01 进入视频拍摄界面，点击展开图标，如图 5-29 所示。

STEP 02 展开右侧工具栏，点击“美化”按钮，如图 5-30 所示。

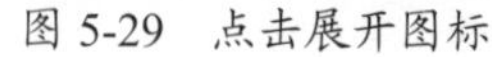

图 5-29　点击展开图标

图 5-30　点击“美化”按钮

STEP 03 进入美化界面，系统会默认切换至“美颜”选项卡，选择“经典模式”选项，如图 5-31 所示。

STEP 04 点击编辑图标，进入“经典模式”界面，如图 5-32 所示。

图 5-31　选择“经典模式”选项

图 5-32　进入“经典模式”界面

STEP 05 选择“美白”选项，如图 5-33 所示。

STEP 06 ❶拖曳滑块将其应用程度设置为 100；❷点击屏幕返回视频拍摄界面，如图 5-34 所示。

图 5-33　选择“美白”选项

图 5-34　点击屏幕

STEP 07 点击拍摄按钮，如图 5-35 所示。

STEP 08 视频开始拍摄，并且显示拍摄时长。点击停止按钮，如图 5-36 所示，即可完成视频拍摄。

图 5-35　点击拍摄按钮

图 5-36　点击停止按钮

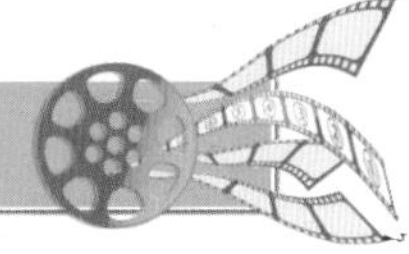

5.2 风格妆：提高视频制作效率

风格妆是指不同风格的妆容。在现实生活中，想化出不同感觉的妆容要花费很长的时间，而且频繁卸妆对皮肤也不好，所以风格妆这一功能就非常必要。使用风格妆不仅能够节省化妆的时间，有效提高视频制作的效率，而且还能获得不同风格的妆容。本节主要介绍风格妆功能的使用方法，包括“红酒”“甜酷”“碎钻”和“白皙”等妆感。

5.2.1 红酒妆感：营造微醺氛围感

【效果展示】：“红酒”妆感主要突出微醺的氛围，所以整个妆容的红色调比较重，特别是眼角、口红以及腮红，这 3 处地方的红色都比较深，而且偏大红色，能增强气场，让人一眼就感受到氛围感，效果如图 5-37 所示。

图 5-37　效果展示

下面介绍添加“红酒”妆感的具体操作方法。

	素材文件	无
	效果文件	效果 \ 第 5 章 \5.2.1.mp4
	视频文件	扫码可直接观看视频

【操练 + 视频】
——红酒妆感：营造微醺氛围感

STEP 01 进入视频拍摄界面，点击展开图标，如图 5-38 所示。

STEP 02 展开右侧工具栏，点击“美化”按钮，如图 5-39 所示。

STEP 03 进入美化界面，❶切换至“风格妆”选项卡；❷选择“红酒”选项，如图 5-40 所示。

STEP 04 ❶拖曳滑块将其应用程度设置为 100；❷点击屏幕返回视频拍摄界面，如图 5-41 所示。

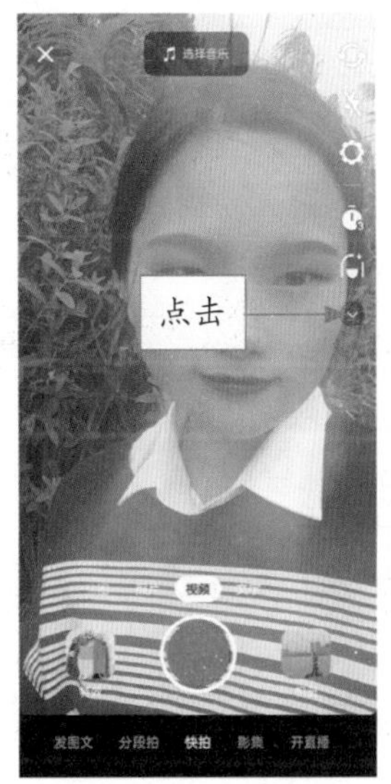

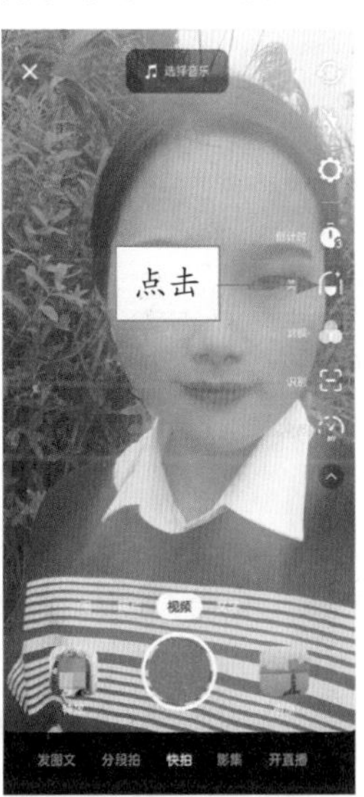

图 5-38　点击展开图标　图 5-39　点击“美化”按钮

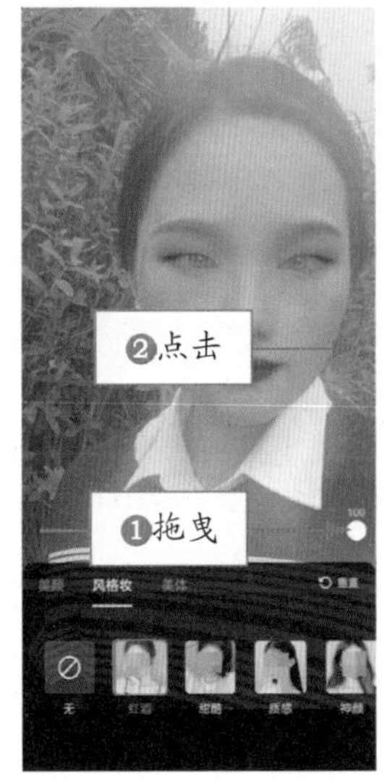

图 5-40　选择“红酒”选项　图 5-41　点击屏幕

STEP 05 点击拍摄按钮，如图 5-42 所示。

STEP 06 视频开始拍摄，并且显示拍摄时长。点击停止按钮，如图 5-43 所示，即可完成视频拍摄。

图 5-42　点击拍摄按钮

图 5-43　点击停止按钮

5.2.2　甜酷妆感：营造一种反差感

【效果展示】："甜酷"妆感主要以突出"甜+酷"为主，特别是口红，为了获得"甜+酷"的感觉，采用了亮面的红调口红，让"甜酷"感很好融合；同时，眉毛和腮红颜色都比较淡，跟整体的风格很搭，效果如图 5-44 所示。

图 5-44　效果展示

下面介绍添加"甜酷"妆感的具体操作方法。

	素材文件	无
	效果文件	效果 \ 第 5 章 \5.2.2.mp4
	视频文件	扫码可直接观看视频

【操练 + 视频】
——甜酷妆感：营造一种反差感

STEP 01 进入视频拍摄界面，点击展开图标，如图 5-45 所示。

STEP 02 展开右侧工具栏，点击"美化"按钮，如图 5-46 所示。

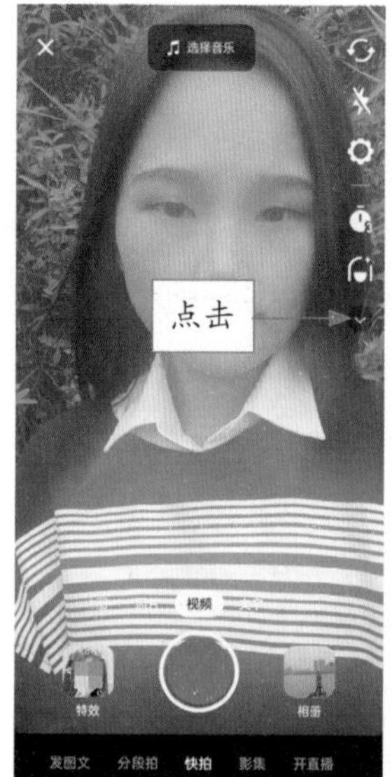

图 5-45　点击展开图标

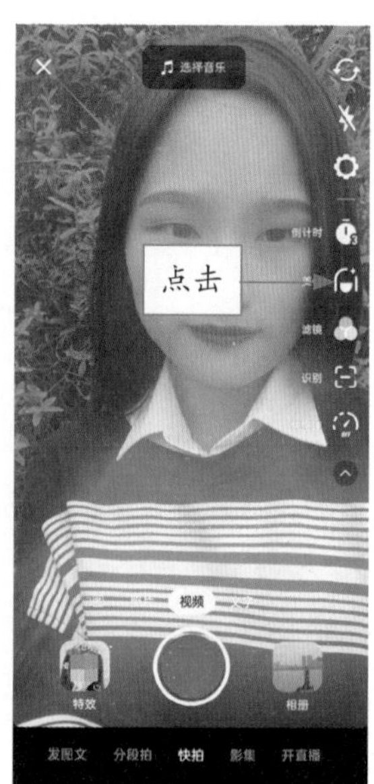

图 5-46　点击"美化"按钮

STEP 03 进入美化界面，在"风格妆"选项卡中选择"甜酷"选项，如图 5-47 所示。

STEP 04 ❶拖曳滑块将其应用程度设置为 100；❷点击屏幕返回视频拍摄界面，如图 5-48 所示。

STEP 05 点击拍摄按钮，如图 5-49 所示。

STEP 06 视频开始拍摄，并且显示拍摄时长。点击停止按钮，如图 5-50 所示，即可完成视频拍摄。

图 5-47　选择“甜酷”选项

图 5-48　点击屏幕

图 5-49　点击拍摄按钮

图 5-50　点击停止按钮

5.2.3　碎钻妆感：为眼部增添亮点

【效果展示】：“碎钻”妆感的亮点集中在眼睛上面，突出的特点是眼睛周围有许多的小碎钻，能够让眼睛看起来非常有神。整个妆容非常甜美，能让人物看起来更温婉，效果如图 5-51 所示。

图 5-51　效果展示

下面介绍添加“碎钻”妆感的具体操作方法。

	素材文件	无
	效果文件	效果 \ 第 5 章 \5.2.3.mp4
	视频文件	扫码可直接观看视频

【操练 + 视频】

——碎钻妆感：为眼部增添亮点

STEP 01 进入视频拍摄界面，点击展开图标，如图 5-52 所示。

STEP 02 展开右侧工具栏，点击“美化”按钮，如图 5-53 所示。

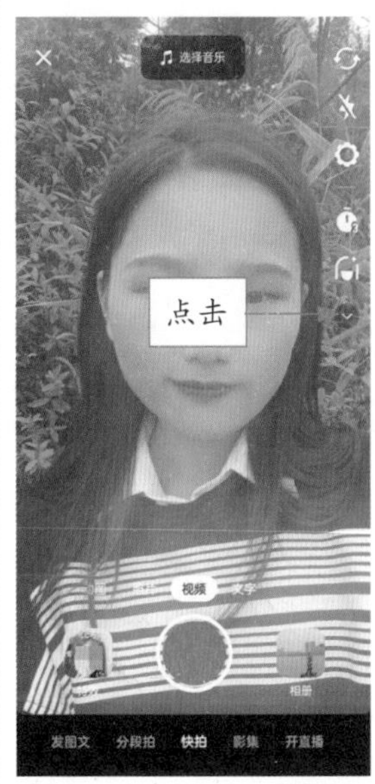

图 5-52　点击展开图标

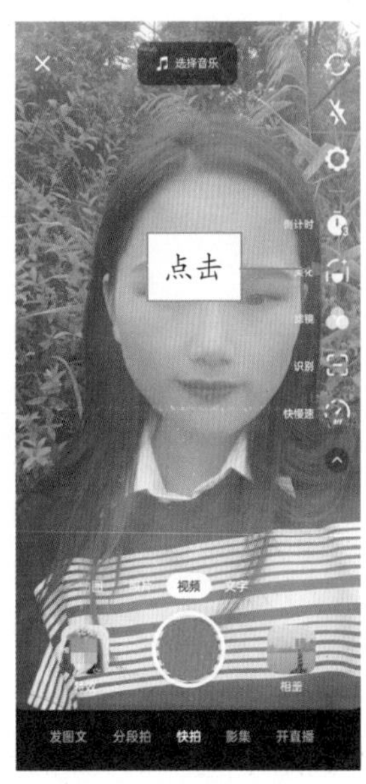

图 5-53　点击“美化”按钮

STEP 03 进入美化界面，在“风格妆”选项卡中选择“碎钻”选项，如图 5-54 所示。

STEP 04 ❶拖曳滑块将其应用程度设置为 100；❷点击屏幕返回视频拍摄界面，如图 5-55 所示。

图 5-54 选择“碎钻”选项

图 5-55 点击屏幕

STEP 05 点击拍摄按钮，如图 5-56 所示。

STEP 06 视频开始拍摄，并且显示拍摄时长。点击停止按钮，如图 5-57 所示，即可完成视频拍摄。

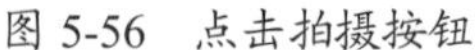

图 5-56 点击拍摄按钮

图 5-57 点击停止按钮

5.2.4 白皙妆感：提高画面白色调

【效果展示】：“白皙”妆感以突出“白”为主，除了人物整体会变白之外，背景环境也会变白，像单独开了滤镜一样，人物脸部的妆容色彩都能轻松看出来，效果如图 5-58 所示。

图 5-58 效果展示

下面介绍添加“白皙”妆感的具体操作方法。

	素材文件	无
	效果文件	效果\第 5 章\5.2.4.mp4
	视频文件	扫码可直接观看视频

【操练+视频】
——白皙妆感：提高画面白色调

STEP 01 进入视频拍摄界面，点击展开图标，如图 5-59 所示。

图 5-59 点击展开图标

STEP 02 展开右侧工具栏，点击“美化”按钮，如图 5-60 所示。

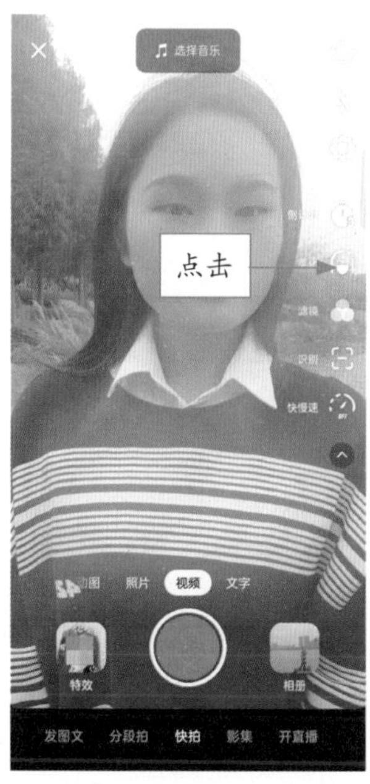

图 5-60　点击“美化”按钮

STEP 03 进入美化界面，❶切换至“风格妆”选项卡；❷选择“白皙”选项，如图 5-61 所示。

STEP 04 ❶拖曳滑块将其应用程度设置为 100；❷点击屏幕返回视频拍摄界面，如图 5-62 所示。

图 5-61　选择“白皙”选项

图 5-62　点击屏幕

STEP 05 点击拍摄按钮，如图 5-63 所示。

图 5-63　点击拍摄按钮

STEP 06 视频开始拍摄，并且显示拍摄时长。点击停止按钮，如图 5-64 所示，即可完成视频拍摄。

图 5-64　点击停止按钮

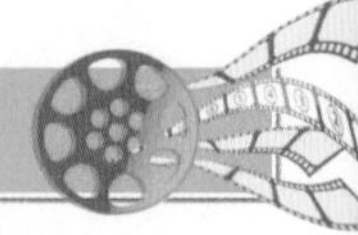

5.3 美体：提高视频画面的美感

美体功能主要用来改变人物的身体形态，使其看起来更匀称、美丽。这个功能适用于拍摄露出全身的人物视频。本节主要介绍美体功能的使用方法，包括“一键美体”“小头”和“瘦身”功能。

5.3.1 一键美体：均衡人物的全身

【效果展示】：“一键美体”功能的主要优点是方便、快捷，它不是针对具体某一个部位，而是对整体进行美化。优化人物全身时，只需要一个操作就可以取得效果，比单独调整各个身体部位要快得多。使用“一键美体”功能需要注意的是，在拍摄视频的前几秒，系统可能会识别延缓，所以在发布前最好将视频的前几秒删除，效果如图 5-65 所示。

图 5-65 效果展示

下面介绍使用“一键美体”功能的具体操作方法。

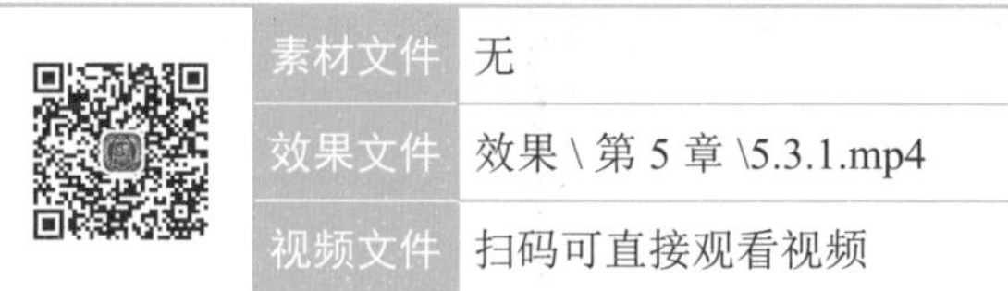

素材文件	无
效果文件	效果 \ 第 5 章 \5.3.1.mp4
视频文件	扫码可直接观看视频

【操练 + 视频】
——一键美体：均衡人物的全身

STEP 01 进入视频拍摄界面，点击展开图标，如图 5-66 所示。

STEP 02 展开右侧工具栏，点击“美化”按钮，如图 5-67 所示。

STEP 03 进入美化界面，切换至“美体”选项卡，如图 5-68 所示。

STEP 04 ①选择“一键美体”选项；②拖曳滑块将其应用程度设置为 100；③点击屏幕返回视频拍摄界面，如图 5-69 所示。

图 5-66　点击展开图标

图 5-67　点击“美化”按钮

图 5-68　切换至“美体”选项卡

图 5-69　点击屏幕

STEP 05 点击拍摄按钮，如图 5-70 所示。

图 5-70　点击拍摄按钮

STEP 06 视频开始拍摄，并且显示拍摄时长。点击停止按钮，如图 5-71 所示，即可完成视频拍摄。

图 5-71　点击停止按钮

5.3.2　小头功能：调节头部的大小

【效果展示】：“小头”功能可以精准识别人物的头部区域，并自动进行调节，而且还不会改变头部周边的背景，看起来十分自然，效果如图 5-72 所示。

图 5-72　效果展示

下面介绍使用“小头”功能的具体操作方法。

	素材文件	无
	效果文件	效果 \ 第 5 章 \5.3.2.mp4
	视频文件	扫码可直接观看视频

【操练 + 视频】
——小头功能：调节头部的大小

STEP 01 进入视频拍摄界面，点击展开图标，如图 5-73 所示。

STEP 02 展开右侧工具栏，点击“美化”按钮，如图 5-74 所示。

图 5-73　点击展开图标

图 5-74　点击“美化”按钮

STEP 03 进入美化界面，在“美体”选项卡中选择“小头”选项，如图 5-75 所示。

STEP 04 ❶拖曳滑块将其应用程度设置为 100；❷点击屏幕返回视频拍摄界面，如图 5-76 所示。

STEP 05 点击拍摄按钮，如图 5-77 所示。

STEP 06 视频开始拍摄，并且显示拍摄时长。点击停止按钮，如图 5-78 所示，即可完成视频拍摄。

图 5-75　选择“小头”选项

图 5-76　点击屏幕

图 5-77　点击拍摄按钮

图 5-78　点击停止按钮

5.3.3　瘦身功能：调节人物头身比

【效果展示】：“瘦身”功能主要是将人物从左右两边进行调节，除了起到瘦身的效果，还能显高，如图 5-79 所示。

图 5-79　效果展示

下面介绍使用“瘦身”功能的具体操作方法。

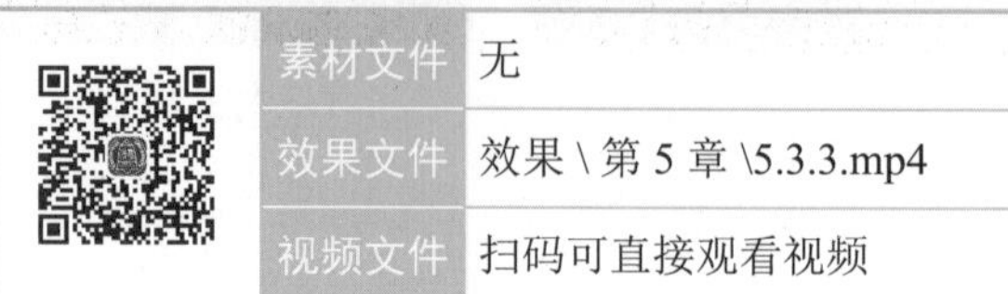

	素材文件	无
	效果文件	效果 \ 第 5 章 \5.3.3.mp4
	视频文件	扫码可直接观看视频

【操练+视频】
——瘦身功能：调节人物头身比

STEP 01 进入视频拍摄界面，展开右侧工具栏，点击“美化”按钮，如图 5-80 所示。

STEP 02 进入美化界面，①切换至“美体”选项卡；②选择“瘦身”选项，如图 5-81 所示。

图 5-80　点击“美化”按钮

图 5-81　选择“瘦身”选项

STEP 03 ①拖曳滑块将其应用程度设置为 100；②点击屏幕返回视频拍摄界面，如图 5-82 所示。

STEP 04 点击拍摄按钮，视频开始拍摄，并且显示拍摄时长，如图 5-83 所示。

图 5-82　点击屏幕

图 5-83　视频开始拍摄并显示时长

第6章

字幕：快速搞定短视频文字特效

章前知识导读

抖音 App 有多种方式可以对短视频进行文字的添加和修改，不仅功能齐全，而且操作简单、方便。本章主要介绍在抖音 App 中添加字幕的技巧，帮助读者快速搞定短视频的文字特效，让视频效果更加吸引人。

新手重点索引

- 添加文字：快速知晓视频主题
- 字幕识别：帮助观众更好理解

效果图片欣赏

6.1 添加文字：快速知晓视频主题

在抖音 App 中上传视频时，不仅可以直接发布图文内容，还可以在视频上面添加一些文字，来表达自己的心情或者传达视频里的主旨，让观众能一下抓住重点。本节主要介绍为短视频添加文字的技巧，如发布图文、对齐方式、更改颜色、选择底纹、字体样式、文本朗读和设置时长等。

6.1.1 发布图文：丰富视频的形式

【效果展示】：用户可以通过抖音 App 以“发图文”的形式来发布短视频，非常方便、快捷，效果如图 6-1 所示。

图 6-1 效果展示

下面介绍“发图文”的具体操作方法。

	素材文件	素材 \ 第 6 章 \6.1.1\（1）.jpg、（2）.jpg、（3）.jpg、（4）.jpg、（5）.jpg、（6）.jpg、（7）.jpg、（8）.jpg、（9）.jpg、（10）.jpg、（11）.jpg
	效果文件	效果 \ 第 6 章 \6.1.1.mp4
	视频文件	扫码可直接观看视频

【操练 + 视频】——发布图文：丰富视频的形式

STEP 01 进入抖音“快拍”界面，点击“发图文”按钮，如图 6-2 所示。

STEP 02 进入“所有照片”界面，❶选择多张照片；❷点击“下一步”按钮，如图 6-3 所示，即可导入照片。

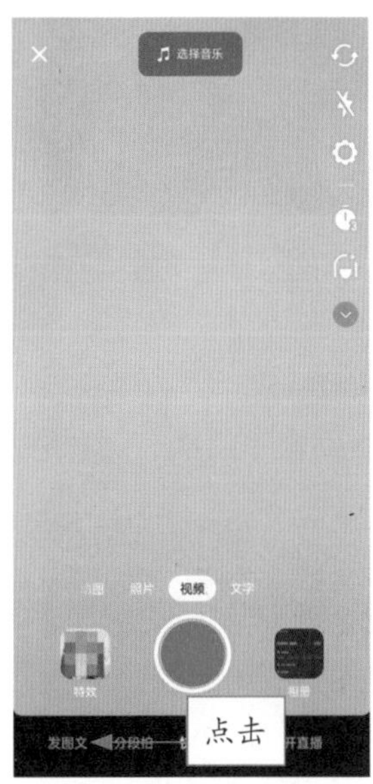

图 6-2　点击“发图文”按钮

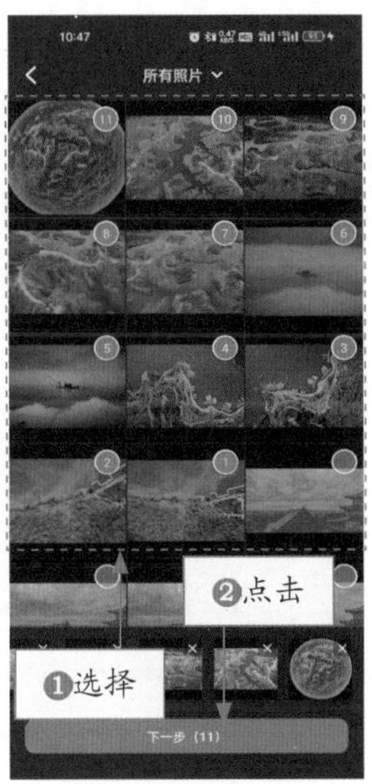

图 6-3　点击“下一步”按钮

STEP 03 执行操作后，进入视频编辑界面，系统会自动添加一首背景音乐。点击背景音乐，如图 6-4 所示。

STEP 04 弹出“推荐”面板，点击“发现”按钮，在搜索框中搜索一首更合适的音乐，❶将其添加到视频中；❷点击展开图标，如图 6-5 所示，展开右侧工具栏。

STEP 05 将画面调到第一张照片，点击“文字”按钮，如图 6-6 所示。

STEP 06 进入文字编辑界面，❶输入相应文字；❷选择合适的字体样式；❸点击“完成”按钮，如图 6-7 所示。

图 6-4　点击背景音乐　　图 6-5　点击展开图标

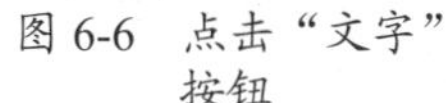

图 6-6　点击“文字”按钮

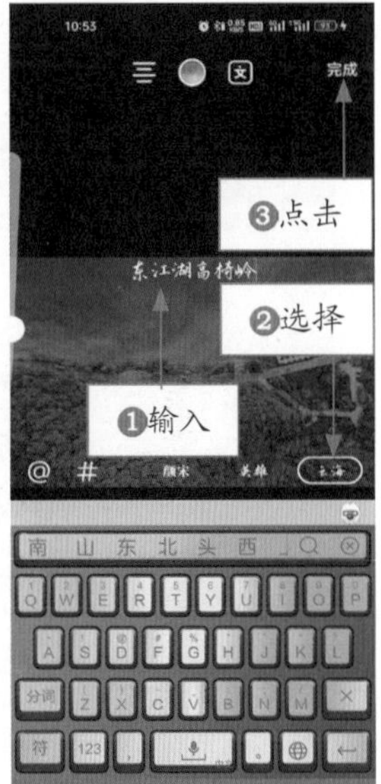

图 6-7　点击“完成”按钮

STEP 07 执行操作后，❶调整文字的大小和位置；❷点击“下一步”按钮，如图 6-8 所示。

STEP 08 进入发布界面，点击“发布图片”按钮，如图 6-9 所示，即可发布图文短视频。

图 6-8 点击“下一步”按钮

图 6-9 点击“发布图片”按钮

6.1.2 对齐方式：让文字整齐有序

【效果展示】：使用抖音 App 可以改变短视频文字的对齐方式，从而让文字在画面上显得更加整齐、有序，效果如图 6-10 所示。

图 6-10 效果展示

图 6-10 效果展示（续）

下面介绍改变文字对齐方式的具体操作方法。

	素材文件	素材 \ 第 6 章 \6.1.2.mp4
	效果文件	效果 \ 第 6 章 \6.1.2.mp4
	视频文件	扫码可直接观看视频

【操练 + 视频】
——对齐方式：让文字整齐有序

STEP 01 在抖音 App 中导入一个视频素材，进入视频编辑界面，点击展开图标，如图 6-11 所示。

STEP 02 展开右侧工具栏，点击“文字”按钮，如图 6-12 所示。

图 6-11　点击展开图标　　图 6-12　点击“文字”按钮

STEP 03 进入文字编辑界面，①输入相应的文字；②点击对齐方式按钮，如图 6-13 所示。

STEP 04 点击“完成”按钮，即可更改对齐方式，效果如图 6-14 所示。

图 6-13　点击对齐方式按钮　　图 6-14　完成对齐方式的更改

6.1.3　更改颜色：让文字贴合画面

【效果展示】：使用抖音 App 可以对短视频文字的颜色进行更改，从而让文字更加吻合视频画面，效果如图 6-15 所示。

图 6-15　效果展示

图 6-15　效果展示（续）

下面介绍改变文字颜色的具体操作方法。

	素材文件	素材 \ 第 6 章 \6.1.3.mp4
	效果文件	效果 \ 第 6 章 \6.1.3.mp4
	视频文件	扫码可直接观看视频

【操练 + 视频】
——更改颜色：让文字贴合画面

STEP 01 在抖音 App 中导入一个视频素材，进入视频编辑界面，展开右侧工具栏，点击"文字"按钮，如图 6-16 所示。

STEP 02 进入文字编辑界面，❶输入文字；❷点击颜色按钮，如图 6-17 所示。

图 6-16　点击"文字"按钮　图 6-17　点击颜色按钮

STEP 03 为文字选择一种合适的颜色，如米白色，如图 6-18 所示。

STEP 04 点击"完成"按钮，即可更改文字颜色，效果如图 6-19 所示。

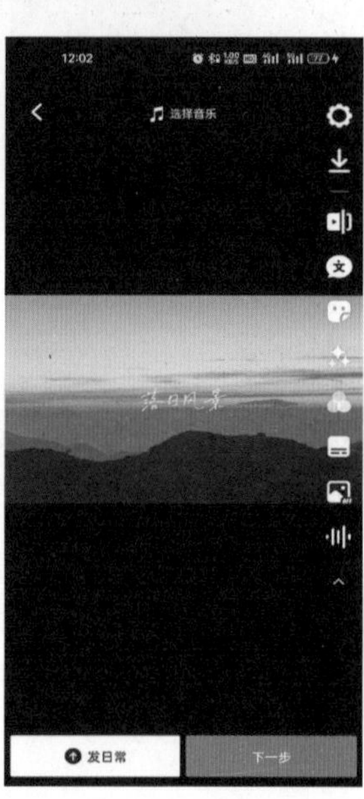

图 6-18　选择合适的颜色　图 6-19　完成颜色的更改

6.1.4　选择底纹：让文字更加显眼

【效果展示】：使用抖音 App 可以改变短视频文字的底纹，从而让文字在视频画面上更加醒目，让观众一眼就能注意到文字所处的位置，效果如图 6-20 所示。

图 6-20　效果展示

图 6-20　效果展示（续）

下面介绍改变文字底纹的具体操作方法。

	素材文件	素材 \ 第 6 章 \6.1.4.mp4
	效果文件	效果 \ 第 6 章 \6.1.4.mp4
	视频文件	扫码可直接观看视频

【操练 + 视频】
——选择底纹：让文字更加显眼

STEP 01 在抖音 App 中导入一个视频素材，进入视频编辑界面，点击展开图标，如图 6-21 所示。

STEP 02 展开右侧工具栏，点击“文字”按钮，如图 6-22 所示。

图 6-21　点击展开图标　图 6-22　点击“文字”按钮

STEP 03 进入文字编辑界面，❶输入文字；❷点击底纹按钮，如图 6-23 所示，为文字选择一个合适的底纹。

STEP 04 执行操作后，点击“完成”按钮，如图 6-24 所示。

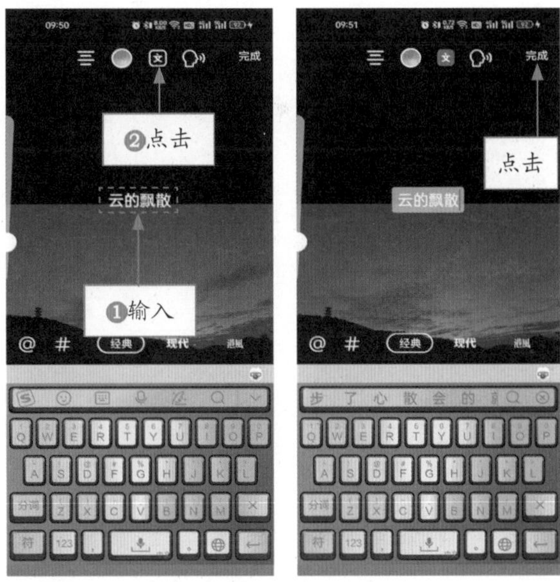

图 6-23　点击底纹按钮　图 6-24　点击“完成”按钮

STEP 05 系统会自动返回视频编辑界面，点击“文字”按钮，如图 6-25 所示。

STEP 06 进入文字编辑界面，点击添加话题按钮#，如图 6-26 所示。

图 6-25　点击“文字”按钮

图 6-26　点击添加话题按钮

STEP 07 ❶选择一个热门话题；❷点击“完成”按钮，如图 6-27 所示。

STEP 08 执行操作后，按照视频画面来调整话题文字的大小和位置，如图 6-28 所示。

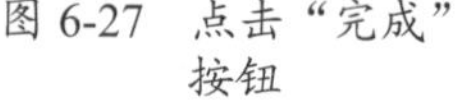
图 6-27　点击“完成”按钮

图 6-28　调整文字的大小和位置

6.1.5　字体样式：符合视频画面感

【效果展示】：使用抖音 App 可以改变短视频文字的字体样式。用户可以选择一个更适合画面氛围和主旨的字体样式，效果如图 6-29 所示。

图 6-29　效果展示

图 6-29　效果展示（续）

下面介绍改变文字字体样式的具体操作方法。

	素材文件	素材 \ 第 6 章 \6.1.5.mp4
	效果文件	效果 \ 第 6 章 \6.1.5.mp4
	视频文件	扫码可直接观看视频

【操练 + 视频】
——字体样式：符合视频画面感

STEP 01 在抖音 App 中导入一个视频素材，进入视频编辑界面，点击展开图标，如图 6-30 所示。

STEP 02 展开右侧工具栏，点击“文字”按钮，如图 6-31 所示。

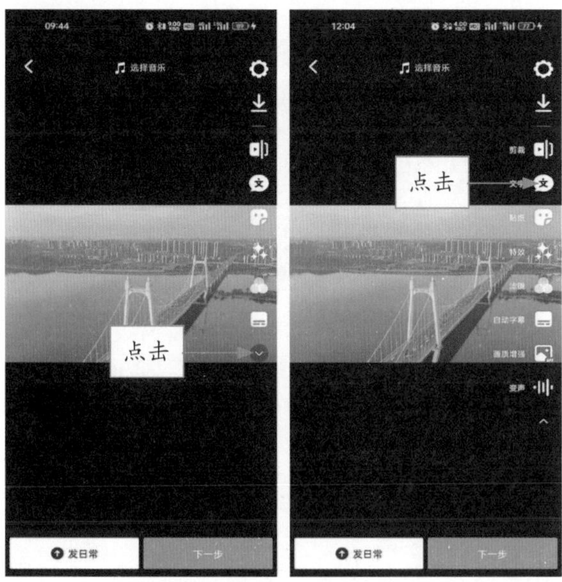

图 6-30　点击展开图标　图 6-31　点击“文字”按钮

STEP 03 进入文字编辑界面，❶输入文字；❷选择一个合适的字体样式；❸点击“完成”按钮，如图 6-32 所示。

STEP 04 系统会自动返回视频编辑界面，❶调整文字的位置；❷点击“文字”按钮，如图 6-33 所示。

图 6-32　点击“完成”按钮　图 6-33　点击“文字”按钮

STEP 05 进入文字编辑界面，点击艾特功能按钮@，如图 6-34 所示。

STEP 06 选择一个想要艾特的账号，点击对应头像，如图 6-35 所示。

STEP 07 执行操作后，选择一个合适的字体样式，如图 6-36 所示。

STEP 08 点击“完成”按钮，系统自动返回视频编辑界面，调整文字的大小和位置，如图 6-37 所示。

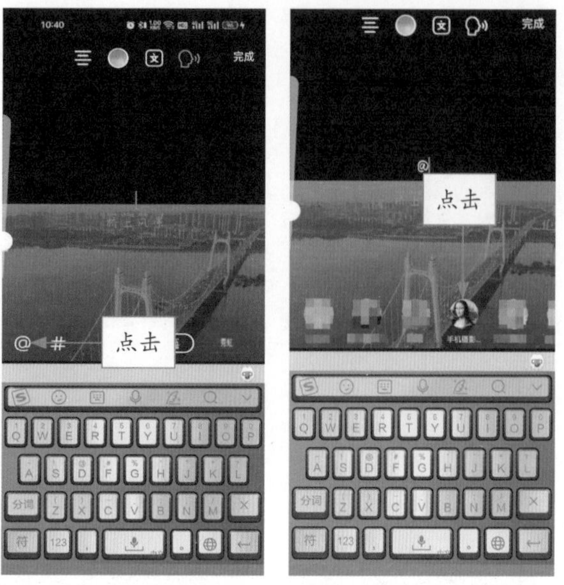

图 6-34　点击艾特功能按钮　图 6-35　点击对应头像　图 6-36　选择字体样式　图 6-37　调整文字的大小和位置

6.1.6　文本朗读：增强视频生动性

【效果展示】：使用抖音 App 的文本朗读功能，直接在视频上输入文字即可进行文本朗读，不仅可以减少录音的时间，而且还可以选择喜欢的朗读音色，让视频更加生动，效果如图 6-38 所示。

图 6-38　效果展示

图 6-38　效果展示（续）

下面介绍进行文本朗读的具体操作方法。

	素材文件	素材 \ 第 6 章 \6.1.6.mp4
	效果文件	效果 \ 第 6 章 \6.1.6.mp4
	视频文件	扫码可直接观看视频

【操练 + 视频】——文本朗读：增强视频生动性

STEP 01 在抖音 App 中导入一个视频素材，进入视频编辑界面，点击展开图标，如图 6-39 所示。

STEP 02 展开右侧工具栏，点击“文字”按钮，如图 6-40 所示。

STEP 03 进入文字编辑界面，❶输入相应的文字；❷在字体样式中选择合适的字体；❸点击文本朗读按钮，如图 6-41 所示。

STEP 04 进入“选择文本朗读音色”界面，❶选择“东北老铁”音色；❷点击“完成”按钮，如图 6-42 所示。

图 6-39　点击展开图标

图 6-40　点击“文字”按钮

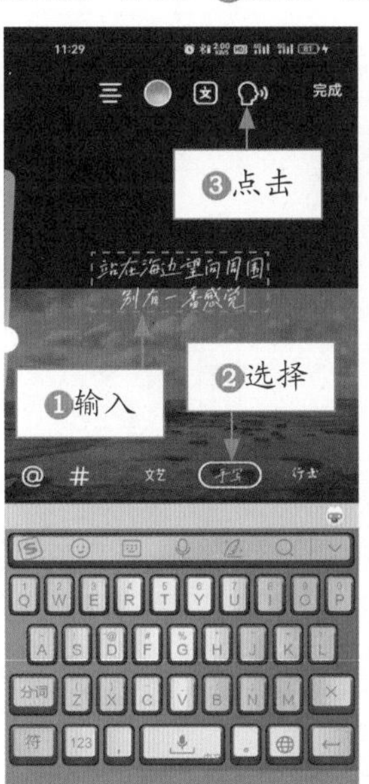

图 6-41　点击文本朗读按钮

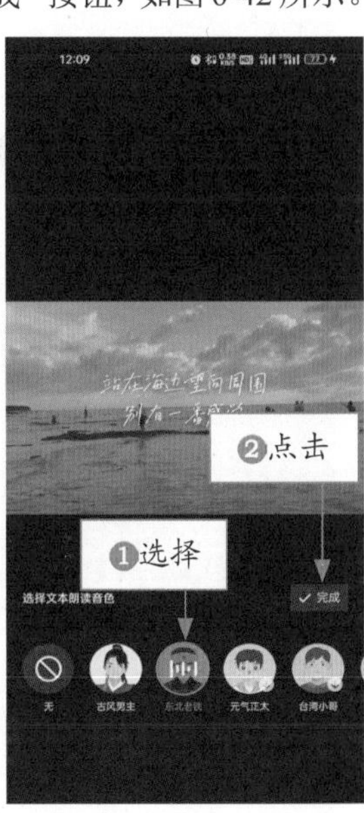

图 6-42　点击“完成”按钮

STEP 05 系统会自动返回文字编辑界面，点击“完成”按钮，如图 6-43 所示。

STEP 06 执行操作后，在视频编辑界面调整文字的位置，如图 6-44 所示。

图 6-43　点击“完成”按钮

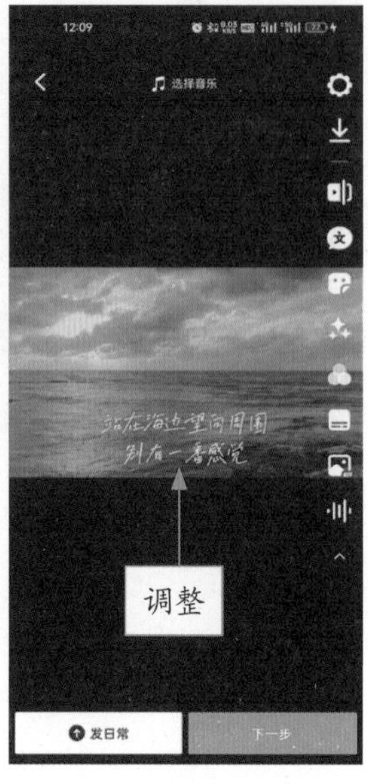

图 6-44　调整文字位置

6.1.7　设置时长：减轻画面的负担

【效果展示】：使用抖音 App 可以设置短视频中的文字时长。在完成文字的输入和编辑之后，可以对其在视频中出现的时间和持续时长做设置。设置文字时长既能起到标识的作用，又不会让文字从头到尾覆盖在视频的画面上，可以减轻画面的负担，同时能够让观众更加全面地欣赏视频，效果如图 6-45 所示。

图 6-45　效果展示

图 6-45　效果展示（续）

下面介绍设置文本时长的具体操作方法。

素材文件	素材 \ 第 6 章 \6.1.7.mp4
效果文件	效果 \ 第 6 章 \6.1.7.mp4
视频文件	扫码可直接观看视频

【操练＋视频】
——设置时长：减轻画面的负担

STEP 01 在抖音 App 中导入一个视频素材，进入视频编辑界面，点击展开图标，如图 6-46 所示。

STEP 02 展开右侧工具栏，点击“文字”按钮，如图 6-47 所示。

图 6-46　点击展开图标

图 6-47　点击“文字”按钮

STEP 03 进入文字编辑界面，❶输入相应的文字；❷在字体样式中选择相应的字体；❸点击“完成”按钮，如图 6-48 所示。

STEP 04 执行操作后，会自动返回到视频编辑界面，❶点击视频中刚输入的文字，弹出操作菜单；❷选择“设置时长”选项，如图 6-49 所示。

图 6-48　点击“完成”按钮

图 6-49　选择“设置时长”选项

STEP 05 进入“时长设置”界面，❶设置时长为 6.0s；❷点击确认按钮✓，如图 6-50 所示。

STEP 06 执行操作后，在视频编辑界面调整文字的位置，如图 6-51 所示。

图 6-50　点击确认按钮

图 6-51　调整文字位置

6.2 字幕识别：帮助观众更好理解

在抖音 App 中上传视频时，为了不让视频画面太过单调，我们可以进行字幕识别，把歌词或者语音旁白添加到视频画面上去，用于帮助观众更好地理解视频内容。

6.2.1 字幕编辑：调整文字的内容

【效果展示】：使用抖音 App 可以对字幕进行编辑处理，修改字幕的错误或者增加一些标点符号等，以避免系统识别错误，提高字幕内容的正确性，效果如图 6-52 所示。

图 6-52　效果展示

图 6-52　效果展示（续）

下面介绍编辑字幕的具体操作方法。

	素材文件	素材 \ 第 6 章 \6.2.1.mp4
	效果文件	效果 \ 第 6 章 \6.2.1.mp4
	视频文件	扫码可直接观看视频

【操练 + 视频】——字幕编辑：调整文字的内容

STEP 01 在抖音 App 中导入一个视频素材，进入视频编辑界面，点击展开图标，如图 6-53 所示。

STEP 02 展开右侧工具栏，点击“自动字幕”按钮，如图 6-54 所示。

图 6-53　点击展开图标

图 6-54　点击“自动字幕”按钮

STEP 03 执行操作后，软件开始自动识别视频中的语音内容，如图 6-55 所示。

STEP 04 稍等片刻，即可自动生成字幕。点击字幕编辑按钮，如图 6-56 所示。

图 6-55　自动识别语音内容

图 6-56　点击字幕编辑按钮

STEP 05 进入“字幕编辑”界面，❶在字幕上添加标点符号；❷点击确认按钮，如图 6-57 所示。

STEP 06 点击“保存”按钮，在视频编辑界面中调整文字的位置，如图 6-58 所示。

图 6-57　点击确认按钮

图 6-58　调整文字位置

6.2.2　字体样式：带来视频新体验

【效果展示】：使用抖音 App 可以修改字幕的字体样式，从而让背景音乐的歌词或者语音旁白更加完美地呈现在视频画面上，效果如图 6-59 所示。

图 6-59　效果展示

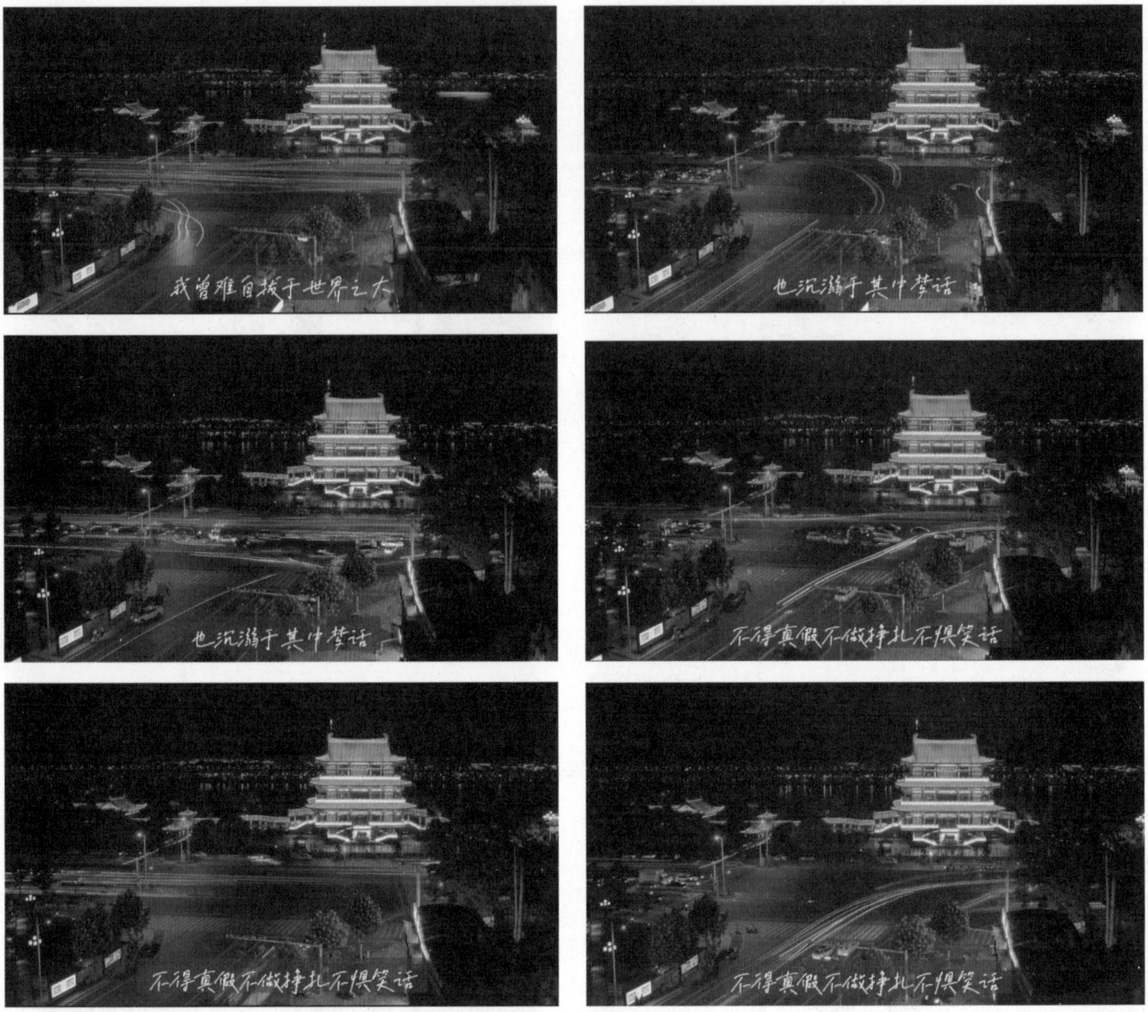

图 6-59　效果展示（续）

下面介绍改变字幕字体样式的具体操作方法。

	素材文件	素材 \ 第 6 章 \6.2.2.mp4
	效果文件	效果 \ 第 6 章 \6.2.2.mp4
	视频文件	扫码可直接观看视频

【操练＋视频】——字体样式：带来视频新体验

STEP 01 在抖音 App 中导入一个视频素材，进入视频编辑界面，点击展开图标，如图 6-60 所示。

STEP 02 展开右侧工具栏，点击“自动字幕”按钮，如图 6-61 所示。

STEP 03 执行操作后，软件开始自动识别视频中的语音内容，如图 6-62 所示。

图 6-60　点击展开图标

图 6-61　点击“自动字幕”按钮

图 6-62　自动识别语音内容

STEP 04 稍等片刻，即可自动生成字幕。点击字体样式按钮🅰，如图 6-63 所示。

STEP 05 执行操作后，❶选择相应的字体；❷选择合适的底纹样式，如图 6-64 所示。

STEP 06 ❶为字幕选择一个合适的底纹颜色；❷点击确认按钮☑，如图 6-65 所示。

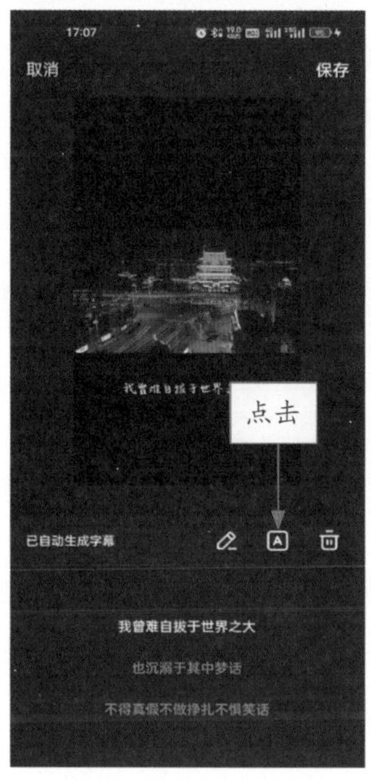

图 6-63　点击字体样式按钮

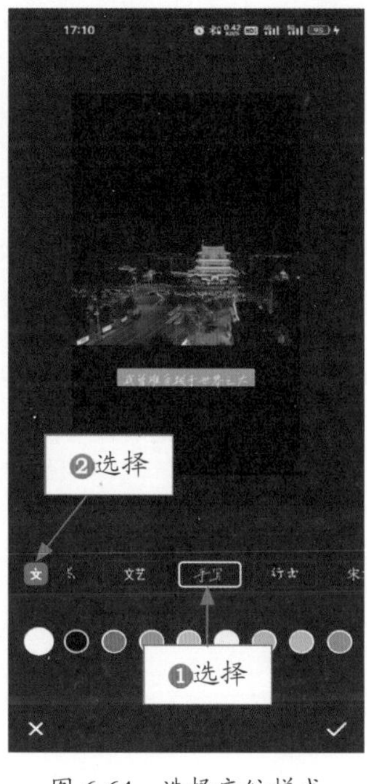

图 6-64　选择底纹样式

图 6-65　点击确认按钮

STEP 07 点击“保存”按钮，如图 6-66 所示。

STEP 08 执行操作后，在视频编辑界面中调整文字的大小和位置，如图 6-67 所示。

图 6-66 点击“保存”按钮

图 6-67 调整文字的大小和位置

第7章 贴纸：让用户情感表达更加完美

章前知识导读

贴纸是一种装饰物，它既适用于照片，也能用在短视频中。在抖音 App 中，贴纸的作用很多，如表达情感、传达信息、烘托氛围等。本章主要介绍抖音 App 中贴纸的种类及其使用的技巧。

新手重点索引

- 贴图：增强视频画面的情感性
- 表情：丰富视频画面中的情绪

效果图片欣赏

7.1 贴图：增强视频画面的情感性

贴图是在抖音 App 中拍摄或上传短视频时添加的贴纸装饰，它能够应用于各种短视频，也有很多不同的作用，像表达时间、定位位置、表达心情等。本节主要介绍抖音 App 中的一些贴图，包括热门贴图、日常贴图、装饰贴图、文字贴图、心情贴图、生活贴图以及自然贴图等。

7.1.1 热门贴图：跟随流行的趋势

【效果展示】：使用抖音 App 可以为短视频添加热门贴图。用户可以根据短视频的画面场景、自己的喜爱来挑选其中的贴纸，从而增加短视频的趣味性，吸引更多观众的注意，效果如图 7-1 所示。

图 7-1 效果展示

下面介绍添加热门贴图的具体操作方法。

	素材文件	素材 \ 第 7 章 \7.1.1.mp4
	效果文件	效果 \ 第 7 章 \7.1.1.mp4
	视频文件	扫码可直接观看视频

【操练 + 视频】
——热门贴图：跟随流行的趋势

STEP 01 在抖音 App 中导入一个视频素材，进入视频编辑界面，点击展开图标，如图 7-2 所示。

STEP 02 展开右侧工具栏，点击“贴纸”按钮，如图 7-3 所示。

图 7-2　点击展开图标

图 7-3　点击“贴纸”按钮

STEP 03 进入贴纸界面，系统会默认切换至“贴图”选项卡，在“热门”贴图中选择放大功能贴纸，如图 7-4 所示。

STEP 04 执行操作后，❶调整放大圈的大小；❷点击“贴纸”按钮，如图 7-5 所示。

STEP 05 进入贴纸界面，在“热门”贴图中选择一个合适的贴纸，如图 7-6 所示。

STEP 06 执行操作后，在视频编辑界面调整贴纸的大小和位置，如图 7-7 所示。

图 7-4　选择放大功能贴纸

图 7-5　点击“贴纸”按钮

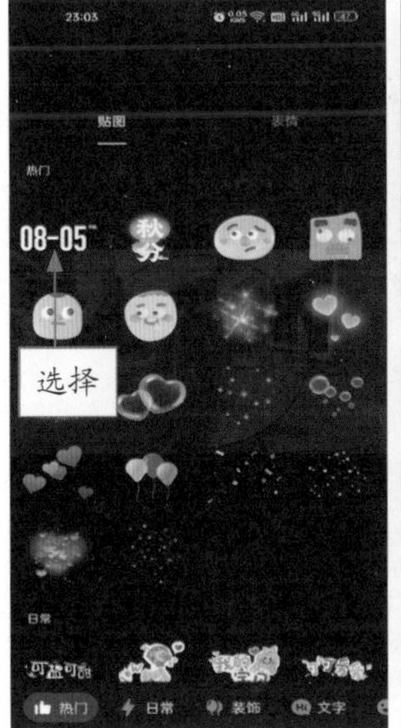

图 7-6　选择贴纸

图 7-7　调整贴纸大小和位置

7.1.2　日常贴图：增强视频时效性

【效果展示】：日常贴图是指我们平常生活中经常用到的贴纸，它的实用性和时效性一般都比较高，效果如图 7-8 所示。

图 7-8 效果展示

下面介绍添加日常贴图的具体操作方法。

	素材文件	素材 \ 第 7 章 \7.1.2.mp4
	效果文件	效果 \ 第 7 章 \7.1.2.mp4
	视频文件	扫码可直接观看视频

【操练 + 视频】
——日常贴图：增强视频时效性

STEP 01 在抖音 App 中导入一个视频素材，进入视频编辑界面，点击展开图标，如图 7-9 所示。

STEP 02 展开右侧工具栏，点击“贴纸”按钮，如图 7-10 所示。

图 7-9 点击展开图标

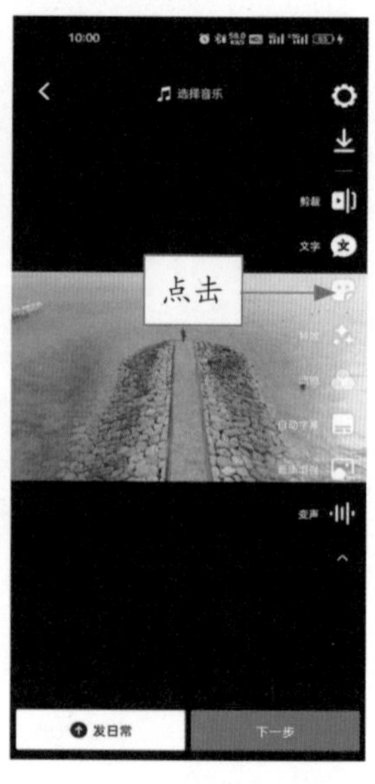

图 7-10 点击“贴纸”按钮

STEP 03 进入贴纸界面，系统会默认切换至“贴图”选项卡，❶点击“日常”按钮；❷选择一个合适的贴纸，如图 7-11 所示。

STEP 04 执行操作后，❶调整贴纸的大小和位置；❷点击“贴纸”按钮，如图 7-12 所示。

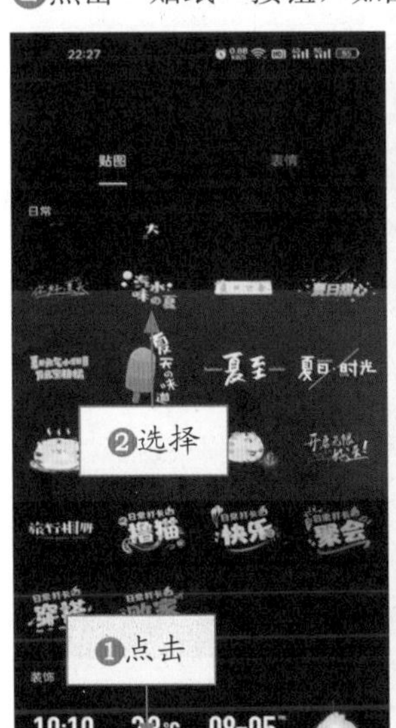

图 7-11　选择贴纸

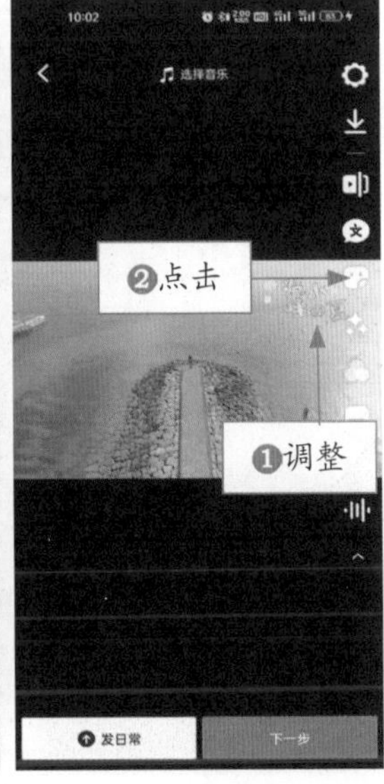

图 7-12　点击“贴纸”按钮

STEP 05 进入贴纸界面，在“日常”贴图中选择一个合适的贴纸，如图 7-13 所示。

STEP 06 执行操作后，调整贴纸的大小和位置，如图 7-14 所示。

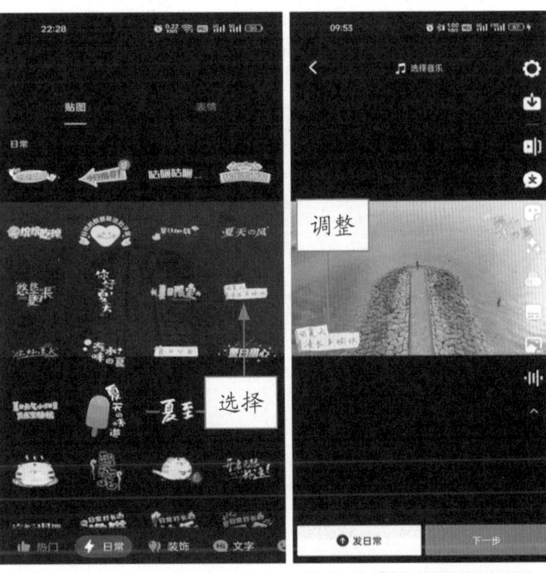

图 7-13　选择贴纸　　图 7-14　调整贴纸大小和位置

7.1.3　装饰贴图：渲染画面的氛围

【效果展示】：装饰贴图主要是用来装饰视频中的人物或者环境，多以图案为主，效果如图 7-15 所示。

图 7-15　效果展示

图 7-15 效果展示（续）

下面介绍添加装饰贴图的具体操作方法。

	素材文件	素材 \ 第 7 章 \7.1.3.mp4
	效果文件	效果 \ 第 7 章 \7.1.3.mp4
	视频文件	扫码可直接观看视频

【操练 + 视频】
——装饰贴图：渲染画面的氛围

STEP 01 在抖音 App 中导入一个视频素材，进入视频编辑界面，点击展开图标，如图 7-16 所示。

STEP 02 展开右侧工具栏，点击“贴纸”按钮，如图 7-17 所示。

图 7-16 点击展开图标　图 7-17 点击“贴纸”按钮

STEP 03 进入贴纸界面，❶点击“装饰”按钮；❷选择一个合适的贴纸，如图 7-18 所示。

STEP 04 执行操作后，❶调整贴纸的大小和位置；❷点击“贴纸”按钮，如图 7-19 所示。

图 7-18 选择贴纸　图 7-19 点击“贴纸”按钮

STEP 05 进入贴纸界面，在“装饰”贴图中选择一个合适的贴纸，如图 7-20 所示。

STEP 06 执行操作后，调整贴纸的大小和位置，如图 7-21 所示。

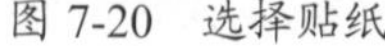

图 7-20 选择贴纸　图 7-21 调整贴纸大小和位置

7.1.4　文字贴图：增强视频文艺性

【效果展示】：文字贴图主要以文字为表达形式，它的文艺性和生活性更强，能调动观众的心情，效果如图 7-22 所示。

图 7-22　效果展示

下面介绍添加文字贴图的具体操作方法。

	素材文件	素材 \ 第 7 章 \7.1.4.mp4
	效果文件	效果 \ 第 7 章 \7.1.4.mp4
	视频文件	扫码可直接观看视频

【操练 + 视频】——文字贴图：增添视频文艺性

STEP 01 在抖音 App 中导入一个视频素材，进入视频编辑界面，点击展开图标，如图 7-23 所示。

STEP 02 展开右侧工具栏，点击“贴纸”按钮，如图 7-24 所示。

图 7-23　点击展开图标　图 7-24　点击“贴纸”按钮

STEP 03 进入贴纸界面，❶点击“文字”按钮；❷选择一个合适的贴纸，如图 7-25 所示。

STEP 04 执行操作后，❶调整贴纸的大小和位置；❷点击“贴纸”按钮，如图 7-26 所示。

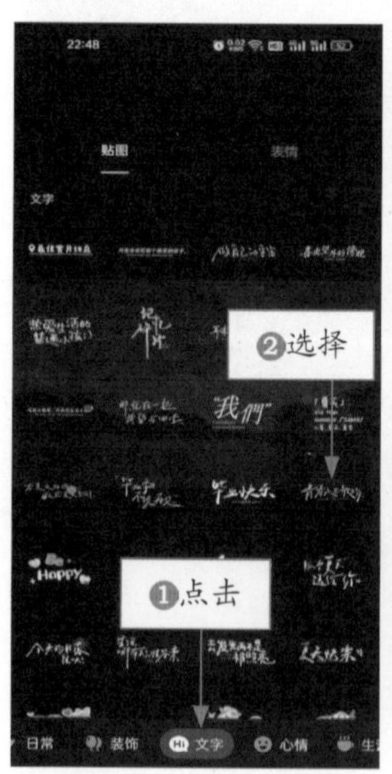

图 7-25　选择贴纸　　图 7-26　点击“贴纸”按钮

STEP 05 进入贴纸界面，在“文字”贴图中选择一个合适的贴纸，如图 7-27 所示。

STEP 06 执行操作后，调整贴纸的大小和位置，如图 7-28 所示。

图 7-27　选择贴纸　　图 7-28　调整贴纸大小和位置

7.1.5　心情贴图：传递人物的情绪

【效果展示】：心情贴图主要用来表达视频人物的心情，让观众感受到视频传达出的情绪，效果如图 7-29 所示。

图 7-29　效果展示

图 7-29 效果展示（续）

下面介绍添加心情贴图的具体操作方法。

	素材文件	素材 \ 第 7 章 \7.1.5.mp4
	效果文件	效果 \ 第 7 章 \7.1.5.mp4
	视频文件	扫码可直接观看视频

【操练 + 视频】
——心情贴图：传递人物的情绪

STEP 01 在抖音 App 中导入一个视频素材，进入视频编辑界面，点击展开图标，如图 7-30 所示。

STEP 02 展开右侧工具栏，点击“贴纸”按钮，如图 7-31 所示。

图 7-30 点击展开图标　图 7-31 点击“贴纸”按钮

STEP 03 进入贴纸界面，❶点击“心情”按钮；❷选择一个合适的贴纸，如图 7-32 所示。

STEP 04 执行操作后，❶调整贴纸的大小和位置；❷点击“贴纸”按钮，如图 7-33 所示。

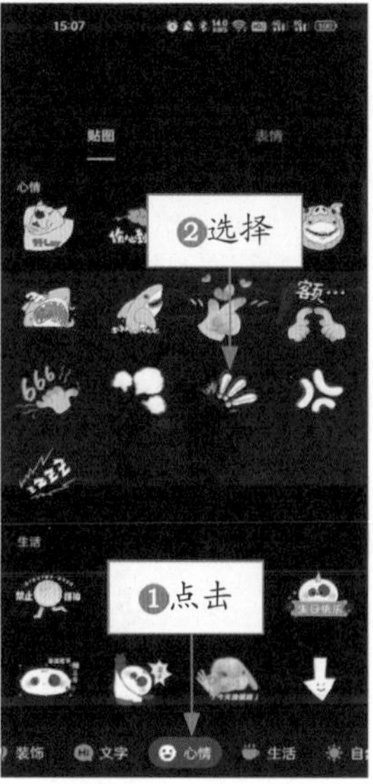

图 7-32 选择贴纸　图 7-33 点击“贴纸”按钮

STEP 05 进入贴纸界面，在“心情”贴图中选择一个合适的贴纸，如图 7-34 所示。

STEP 06 执行操作后，调整贴纸的大小和位置，如图 7-35 所示。

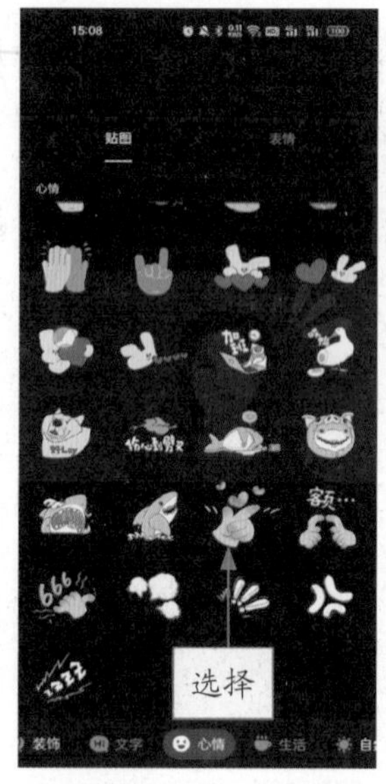

图 7-34 选择贴纸

图 7-35 调整贴纸大小和位置

7.1.6 生活贴图：引起观众的共鸣

【效果展示】：生活贴图主要用于传达日常生活中的事情，能够很好地引起观众的共鸣，效果如图 7-36 所示。

图 7-36 效果展示

图 7-36 效果展示（续）

下面介绍添加生活贴图的具体操作方法。

素材文件	素材 \ 第 7 章 \7.1.6.mp4
效果文件	效果 \ 第 7 章 \7.1.6.mp4
视频文件	扫码可直接观看视频

【操练 + 视频】
——生活贴图：引起观众的共鸣

STEP 01 在抖音 App 中导入一个视频素材，进入视频编辑界面，点击展开图标，如图 7-37 所示。

STEP 02 展开右侧工具栏，点击“贴纸”按钮，如图 7-38 所示。

图 7-37　点击展开图标

图 7-38　点击“贴纸”按钮

STEP 03 进入贴纸界面，❶点击“生活”按钮；❷选择一个合适的贴纸，如图 7-39 所示。

STEP 04 执行操作后，❶调整贴纸的大小和位置；❷点击“贴纸”按钮，如图 7-40 所示。

图 7-39　选择贴纸

图 7-40　点击“贴纸”按钮

STEP 05 进入贴纸界面，在“生活”贴图中选择一个合适的贴纸，如图 7-41 所示。

STEP 06 执行操作后，调整贴纸的大小和位置，如图 7-42 所示。

图 7-41　选择贴纸

图 7-42　调整贴纸大小和位置

7.1.7　自然贴图：感受环境的美好

【效果展示】：自然贴图主要是一些动物或者植物，能让人仿佛置身于大自然之中，感觉非常惬意，效果如图 7-43 所示。

图 7-43　效果展示

图 7-43　效果展示（续）

下面介绍添加自然贴图的具体操作方法。

	素材文件	素材 \ 第 7 章 \7.1.7.mp4
	效果文件	效果 \ 第 7 章 \7.1.7.mp4
	视频文件	扫码可直接观看视频

【操练 + 视频】
——自然贴图：感受环境的美好

STEP 01 在抖音 App 中导入一个视频素材，进入视频编辑界面，点击展开图标，如图 7-44 所示。

STEP 02 展开右侧工具栏，点击“贴纸”按钮，如图 7-45 所示。

STEP 03 进入贴纸界面，❶点击“自然”按钮；❷选择一个合适的贴纸，如图 7-46 所示。

STEP 04 执行操作后，❶调整贴纸的大小和位置；❷点击“贴纸”按钮，如图 7-47 所示。

图 7-44　点击展开图标

图 7-45　点击“贴纸”按钮

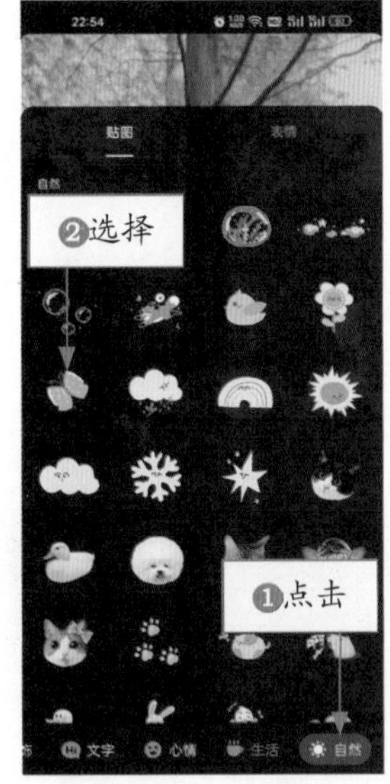

图 7-46　选择贴纸　　图 7-47　点击“贴纸”按钮

STEP 05 进入贴纸界面，在“自然”贴图中选择一个合适的贴纸，如图 7-48 所示。

STEP 06 执行操作后，调整贴纸的大小和位置，如图 7-49 所示。

图 7-48　选择贴纸

图 7-49　调整贴纸大小和位置

7.2　表情：丰富视频画面中的情绪

表情是在抖音 App 中上传短视频时添加的表情装饰，它有很多种类，也有很多作用，既能表达心情，又能传达信息。本节主要介绍抖音 App 中的一些表情贴纸，包括表情贴纸、气候贴纸、动物贴纸以及植物贴纸等。

7.2.1　表情贴纸：增加画面趣味性

【效果展示】：表情贴纸主要是人脸的一些表情，它能够很好地表达视频主体的心情，效果如图 7-50 所示。

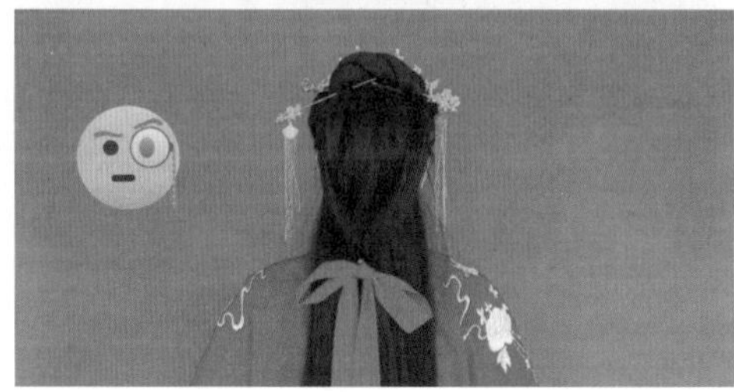

图 7-50　效果展示

图 7-50　效果展示（续）

下面介绍添加表情贴纸的具体操作方法。

	素材文件	素材 \ 第 7 章 \7.2.1.mp4
	效果文件	效果 \ 第 7 章 \7.2.1.mp4
	视频文件	扫码可直接观看视频

【操练 + 视频】
——表情贴纸：增加画面趣味性

STEP 01 在抖音 App 中导入一个视频素材，进入视频编辑界面，点击展开图标，如图 7-51 所示。

STEP 02 展开右侧工具栏，点击“贴纸”按钮，如图 7-52 所示。

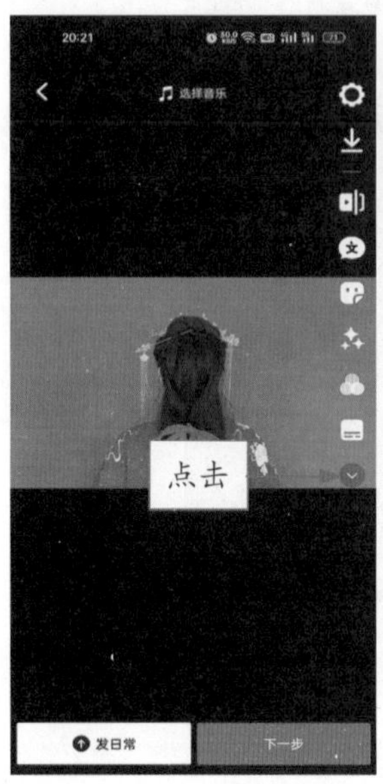

图 7-51　点击展开图标

图 7-52　点击“贴纸”按钮

STEP 03 进入贴纸界面，❶切换至“表情”选项卡；❷选择一个表情贴纸，如图 7-53 所示。

STEP 04 执行操作后，❶调整贴纸的大小和位置；❷点击视频中刚添加的贴纸，弹出操作菜单，选择“设置时长”选项，如图 7-54 所示。

图 7-53　选择贴纸

图 7-54　选择“设置时长”选项

STEP 05 进入“时长设置”界面，❶将贴纸持续时间设置为 3.0s；❷点击确认按钮☑，如图 7-55 所示。

STEP 06 执行操作后，系统自动跳回视频编辑界面，点击“贴纸”按钮，如图 7-56 所示。

图 7-55　点击确认按钮

图 7-56　点击“贴纸”按钮

STEP 07 进入贴纸界面，在“表情”选项卡下选择一个合适的表情贴纸，如图 7-57 所示。

STEP 08 执行操作后，调整贴纸的大小和位置，如图 7-58 所示。

图 7-57　选择贴纸

图 7-58　调整贴纸大小和位置

STEP 09 ❶点击视频中刚添加的贴纸，弹出操作菜单；❷选择“设置时长”选项，如图 7-59 所示。

STEP 10 执行操作后，进入“时长设置”界面，❶将贴纸的开始时间设置为 4.0s；❷点击确认按钮☑，如图 7-60 所示。

图 7-59　选择“设置时长”选项

图 7-60　点击确认按钮

7.2.2　气候贴纸：传达视频的天气

【效果展示】：气候贴纸主要用来传达视频画面中的天气情况，也可用来表达心情，效果如图 7-61 所示。

图 7-61　效果展示

图 7-61　效果展示（续）

下面介绍添加气候贴纸的具体操作方法。

	素材文件	素材 \ 第 7 章 \7.2.2.mp4
	效果文件	效果 \ 第 7 章 \7.2.2.mp4
	视频文件	扫码可直接观看视频

【操练＋视频】
——气候贴纸：传达视频的天气

STEP 01 在抖音 App 中导入一个视频素材，进入视频编辑界面，点击展开图标，如图 7-62 所示。

STEP 02 展开右侧工具栏，点击“贴纸”按钮，如图 7-63 所示。

图 7-62　点击展开图标

图 7-63　点击“贴纸”按钮

STEP 03 进入贴纸界面，❶切换至“表情”选项卡；❷选择一个气候贴纸，如图 7-64 所示。

STEP 04 执行操作后，调整贴纸的大小和位置，如图 7-65 所示。

图 7-64　选择贴纸

图 7-65　调整贴纸大小和位置

7.2.3　动物贴纸：提高画面生动性

【效果展示】：动物贴纸主要以动物的大头照为主，其中一些动物还会伴有相关的表情和肢体动作，更显生动、可爱，效果如图 7-66 所示。

图 7-66　效果展示

图 7-66　效果展示（续）

图 7-66　效果展示（续）

下面介绍添加动物贴纸的具体操作方法。

	素材文件	素材 \ 第 7 章 \7.2.3.mp4
	效果文件	效果 \ 第 7 章 \7.2.3.mp4
	视频文件	扫码可直接观看视频

【操练 + 视频】
——动物贴纸：提高画面生动性

STEP 01 在抖音 App 中导入一个视频素材，进入视频编辑界面，点击展开图标，如图 7-67 所示。

STEP 02 展开右侧工具栏，点击“贴纸”按钮，如图 7-68 所示。

图 7-67　点击展开图标

图 7-68　点击“贴纸”按钮

STEP 03 进入贴纸界面，❶切换至“表情”选项卡；❷选择一个动物贴纸，如图 7-69 所示。

STEP 04 执行操作后，调整贴纸的大小和位置，如图 7-70 所示。

图 7-69　选择贴纸

图 7-70　调整贴纸大小和位置

7.2.4　植物贴纸：提高画面自然感

【效果展示】：植物贴纸主要用来搭配视频中的大自然画面。使用植物贴纸能够提高视频画面中的自然感，效果如图 7-71 所示。

图 7-71　效果展示

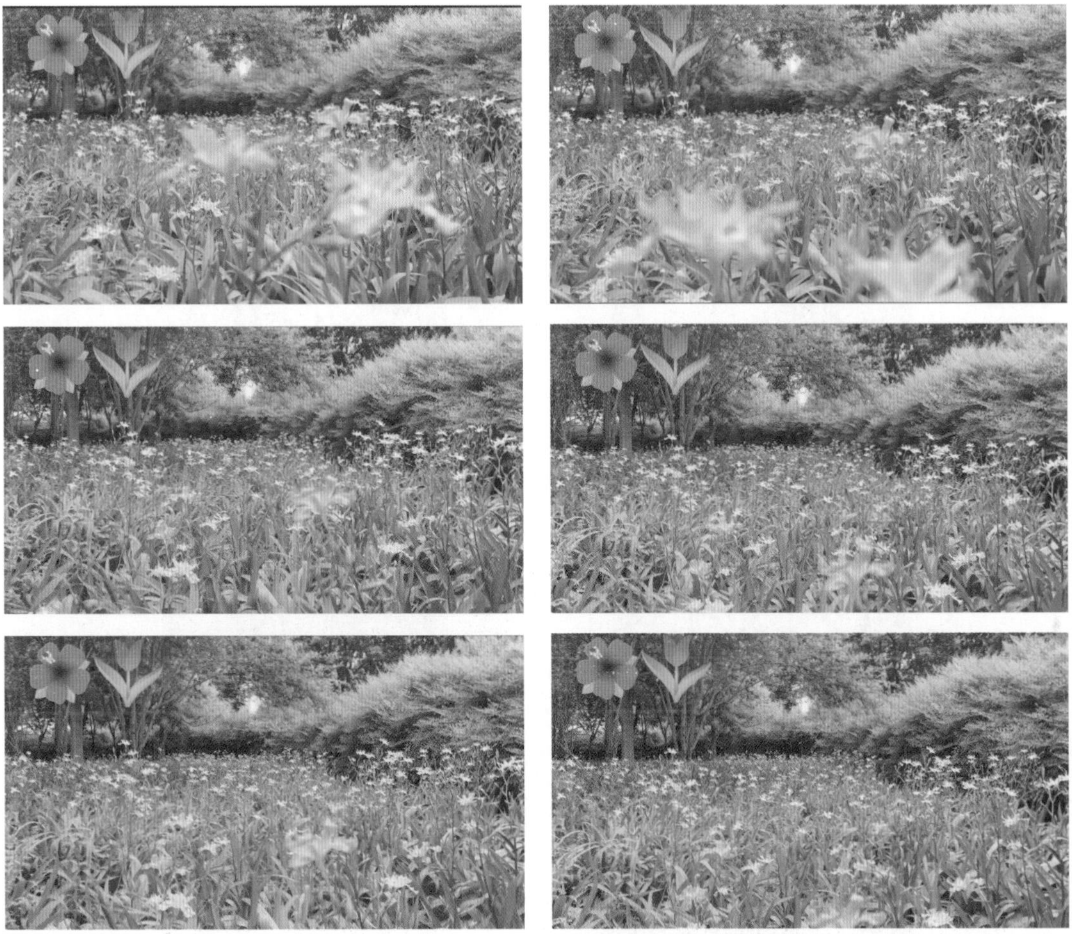

图 7-71　效果展示（续）

下面介绍添加植物贴纸的具体操作方法。

	素材文件	素材 \ 第 7 章 \7.2.4.mp4
	效果文件	效果 \ 第 7 章 \7.2.4.mp4
	视频文件	扫码可直接观看视频

【操练 + 视频】

——植物贴纸：提高画面自然感

STEP 01 在抖音 App 中导入一个视频素材，进入视频编辑界面，点击展开图标，如图 7-72 所示。

STEP 02 展开右侧工具栏，点击“贴纸”按钮，如图 7-73 所示。

图 7-72　点击展开图标

图 7-73　点击“贴纸”按钮

STEP 03 进入贴纸界面，❶切换至“表情”选项卡；❷选择一个植物贴纸，如图 7-74 所示。

STEP 04 执行操作后，❶调整贴纸的大小和位置；❷点击“贴纸”按钮，如图 7-75 所示。

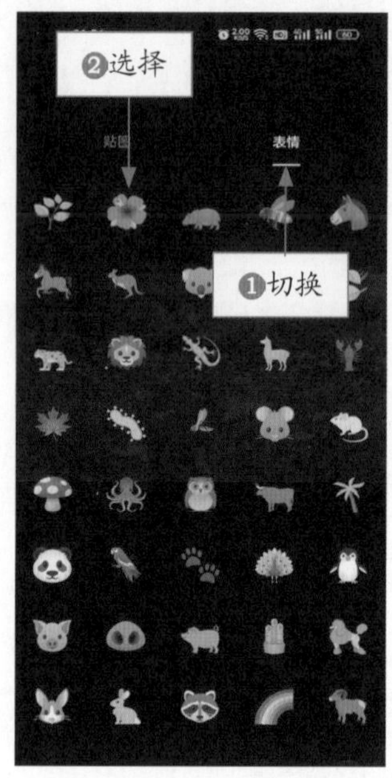

图 7-74　选择贴纸

图 7-75　点击“贴纸”按钮

STEP 05 进入贴纸界面，在“表情”选项卡中选择一个合适的植物贴纸，如图 7-76 所示。

STEP 06 执行操作后，调整贴纸的大小和位置，如图 7-77 所示。

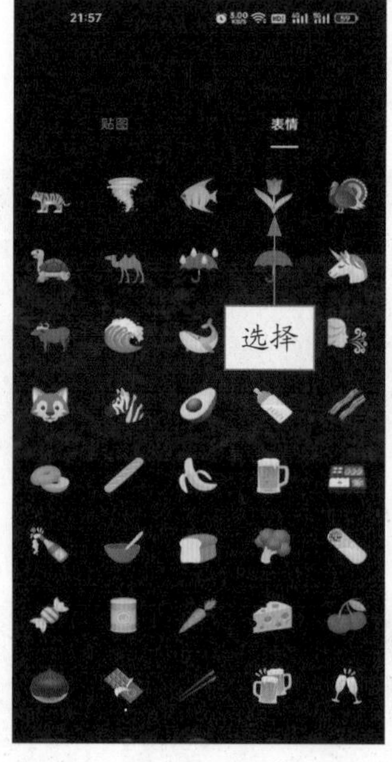

图 7-76　选择贴纸

图 7-77　调整贴纸大小和位置

第8章

特效：打造酷炫技术流视频画面

章前知识导读

抖音 App 中有很多不同的特效，它们适用于各个场景。我们可以根据自身喜好以及画面情境来使用不同的特效，使视频画面呈现更加完美的效果。

新手重点索引

- 梦幻：增强画面中的浪漫感
- 转场：制造流畅的切换效果
- 分屏：增强视频画面的对比
- 装饰：帮助主体增强特效感
- 动感：让视频画面更加炫酷
- 自然：能够让观众身临其境
- 材质：调整视频画面的质感
- 时间：提高视频的流畅程度

效果图片欣赏

8.1 梦幻：增强画面中的浪漫感

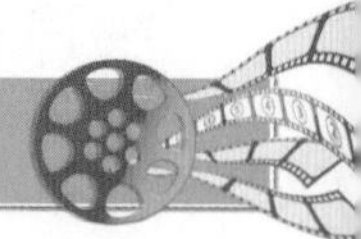

梦幻特效是抖音 App 中的一种常见特效，它的使用率非常高，在大多数氛围感较强的短视频中都能够看到它的身影。梦幻特效的常见表现形式是闪闪发光的装饰物，像闪光爱心、气泡、烟花、流沙等，能够塑造出非常浪漫的氛围感。本节主要介绍两种梦幻特效的使用方法，即“金片炸开”特效和“爱心泡泡”特效。

8.1.1 金片炸开：营造唯美画面感

【效果展示】：“金片炸开”特效是指外形为金色的方片呈现炸开的效果。使用这种特效会让视频画面看起来非常梦幻、唯美，效果如图 8-1 所示。

图 8-1　效果展示

下面介绍添加“金片炸开”特效的具体操作方法。

	素材文件	素材 \ 第 8 章 \8.1.1.mp4
	效果文件	效果 \ 第 8 章 \8.1.1.mp4
	视频文件	扫码可直接观看视频

【操练 + 视频】——金片炸开：营造唯美画面感

STEP 01 在抖音 App 中导入一个视频素材，进入视频编辑界面，点击展开图标，如图 8-2 所示。

STEP 02 展开右侧工具栏，点击“特效”按钮，如图 8-3 所示。

STEP 03 进入特效界面，系统会默认停留在“梦幻”选项卡，长按“金片炸开”特效，如图 8-4 所示，为整个视频添加此效果。

STEP 04 执行操作后，点击“保存”按钮，如图 8-5 所示。

图 8-2　点击展开图标

图 8-3　点击“特效”按钮

图 8-4　长按“金片炸开”特效

图 8-5　点击“保存”按钮

8.1.2　爱心泡泡：缔造别样的效果

【效果展示】：“爱心泡泡”特效是指外形为爱心的泡泡，飞舞在空中，像是真的在吹泡泡一样。使用“爱心泡泡”特效会让视频画面看起来非常的浪漫，能够让观众体验到童年的乐趣，效果如图 8-6 所示。

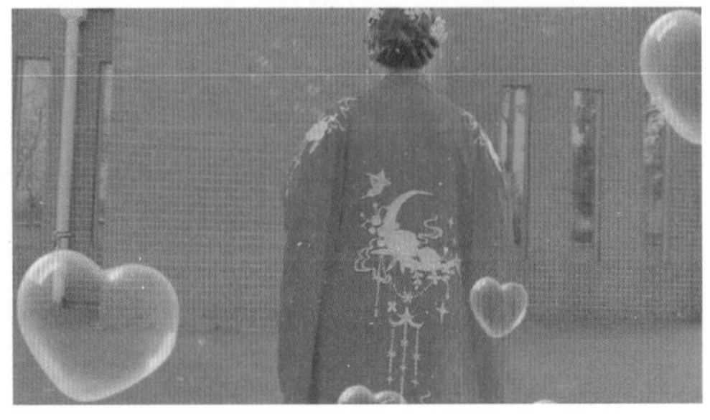

图 8-6　效果展示

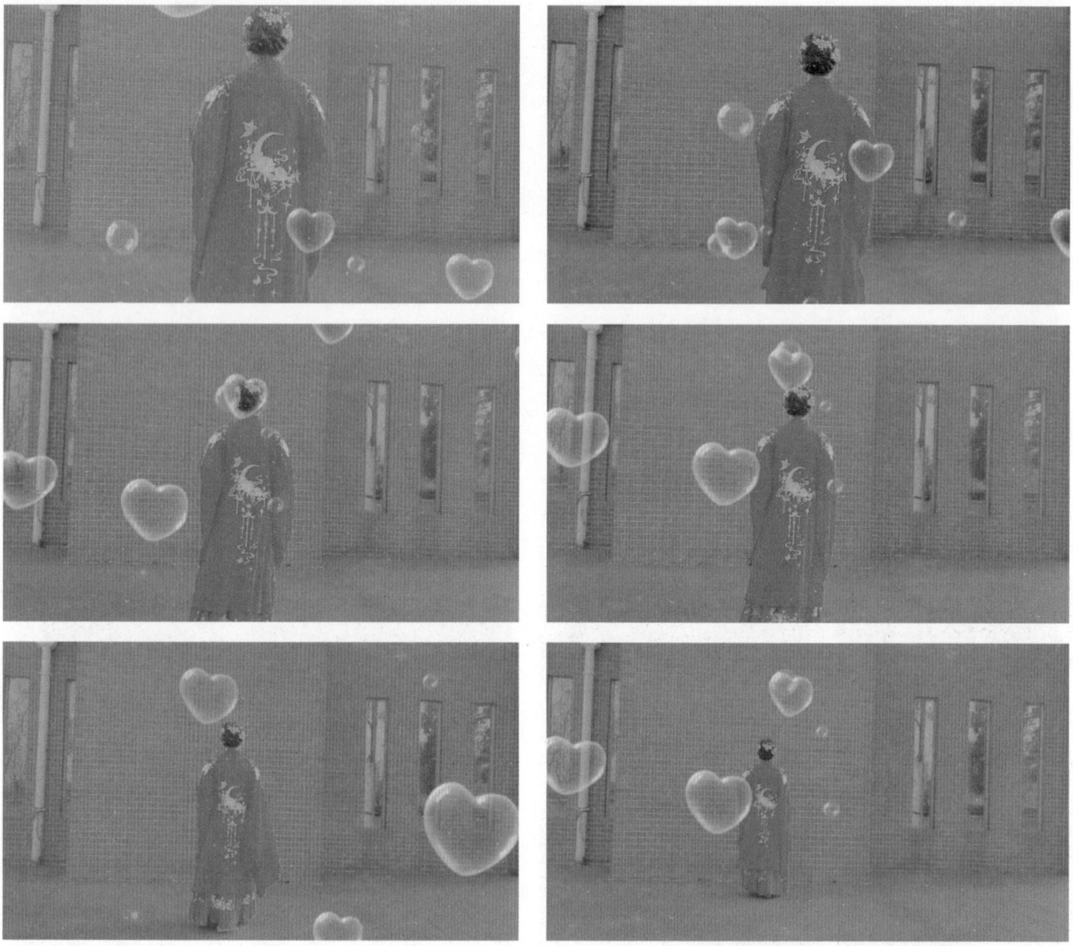

图 8-6　效果展示（续）

下面介绍添加“爱心泡泡”特效的具体操作方法。

	素材文件	素材 \ 第 8 章 \8.1.2.mp4
	效果文件	效果 \ 第 8 章 \8.1.2.mp4
	视频文件	扫码可直接观看视频

【操练 + 视频】——爱心泡泡：缔造别样的效果

STEP 01 在抖音 App 中导入一个视频素材，进入视频编辑界面，点击展开图标，如图 8-7 所示。

STEP 02 展开右侧工具栏，点击“特效”按钮，如图 8-8 所示。

STEP 03 进入特效界面，在“梦幻”选项卡中长按“爱心泡泡”特效，如图 8-9 所示。

STEP 04 执行操作后，点击“保存”按钮，如图 8-10 所示。

图 8-7　点击展开图标

图 8-8　点击“特效”按钮

图 8-9　长按“爱心泡泡”特效

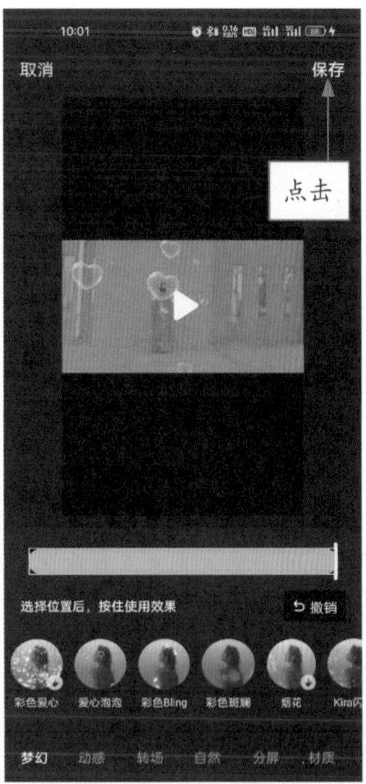

图 8-10　点击“保存”按钮

8.2　动感：让视频画面更加炫酷

动感特效能让视频看起来具有十足的动感效果，它的主要表现形式是让画面抖动，因此它能够塑造出非常炫酷的画面感。本节主要介绍两种动感特效的使用方法，包括“缩放”特效和“故障Ⅰ”特效。

8.2.1　缩放特效：增强视觉冲击力

【效果展示】：“缩放”特效是指让视频呈现反复的缩放效果，增加视觉冲击力，能够给人留下深刻的印象，效果如图 8-11 所示。

图 8-11　效果展示

图 8-11　效果展示（续）

下面介绍添加“缩放”特效的具体操作方法。

	素材文件	素材 \ 第 8 章 \8.2.1.mp4
	效果文件	效果 \ 第 8 章 \8.2.1.mp4
	视频文件	扫码可直接观看视频

【操练 + 视频】

——缩放特效：增强视觉冲击力

STEP 01 在抖音 App 中导入一个视频素材，进入视频编辑界面，点击展开图标，如图 8-12 所示。

STEP 02 展开右侧工具栏，点击“特效”按钮，如图 8-13 所示。

STEP 03 进入特效界面，❶切换至“动感”选项卡；❷拖曳时间轴至合适位置处；❸长按“缩放”特效，如图 8-14 所示。

STEP 04 执行操作后，点击“保存”按钮，如图 8-15 所示。

图 8-12　点击展开图标

图 8-13　点击“特效”按钮

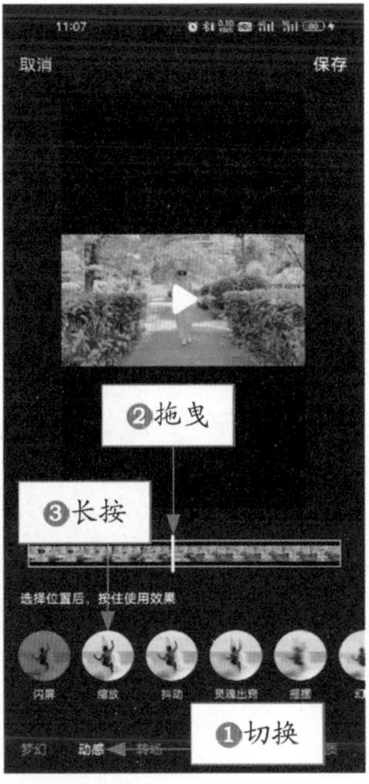

图 8-14　长按“缩放”特效

图 8-15　点击“保存”按钮

8.2.2　故障 I 特效：增强画面真实感

【效果展示】：“故障 I ”特效是指在视频画面上呈现卡顿的故障效果，有一种诙谐的感觉，能够让人产生好奇心理，效果如图 8-16 所示。

图 8-16　效果展示

图 8-16　效果展示（续）

下面介绍添加“故障Ⅰ”特效的具体操作方法。

	素材文件	素材 \ 第 8 章 \8.2.2.mp4
	效果文件	效果 \ 第 8 章 \8.2.2.mp4
	视频文件	扫码可直接观看视频

【操练 + 视频】
——故障Ⅰ特效：增加画面真实感

STEP 01 在抖音 App 中导入一个视频素材，进入视频编辑界面，点击展开图标，如图 8-17 所示。

STEP 02 展开右侧工具栏，点击“特效”按钮，如图 8-18 所示。

STEP 03 进入特效界面，❶切换至“动感”选项卡；❷长按“故障Ⅰ”特效，如图 8-19 所示。

STEP 04 执行操作后，点击“保存”按钮，如图 8-20 所示。

图 8-17　点击展开图标

图 8-18　点击“特效”按钮

图 8-19　长按“故障Ⅰ”特效

图 8-20　点击“保存”按钮

8.3 转场：制造流畅的切换效果

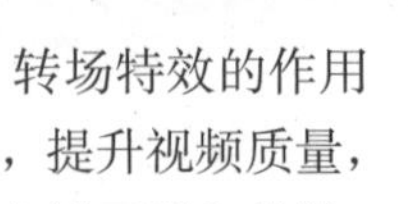

转场特效是抖音 App 中的一种常见特效，它的使用场所不固定，常用在视频开头。转场特效的作用就是减轻视频播放时的生硬感，让视频看起来更加自然、流畅，能够有效地提高视频观感，提升视频质量，从而吸引更多的观众。本节主要介绍两种转场特效的使用方法，包括“变清晰”特效和“电视开机”特效。

8.3.1　变清晰：带动观众的好奇心

【效果展示】：“变清晰”特效是指视频慢慢从模糊变得清晰，在等待的时间里，会带动观众的好奇心理。使用“变清晰”特效会让视频画面更有神秘感，从而提高视频的吸引力，效果如图 8-21 所示。

图 8-21　效果展示

下面介绍添加“变清晰”特效的具体操作方法。

	素材文件	素材 \ 第 8 章 \8.3.1mp4
	效果文件	效果 \ 第 8 章 \8.3.1.mp4
	视频文件	扫码可直接观看视频

【操练 + 视频】——变清晰：带动观众的好奇心

STEP 01 在抖音 App 中导入一个视频素材，进入视频编辑界面，点击展开图标，如图 8-22 所示。

STEP 02 展开右侧工具栏，点击“特效”按钮，如图 8-23 所示。

STEP 03 进入特效界面，❶切换至“转场”选项卡；❷点击“变清晰”特效，如图 8-24 所示。

STEP 04 执行操作后，点击“保存”按钮，如图 8-25 所示。

图 8-22　点击展开图标

图 8-23　点击“特效”按钮

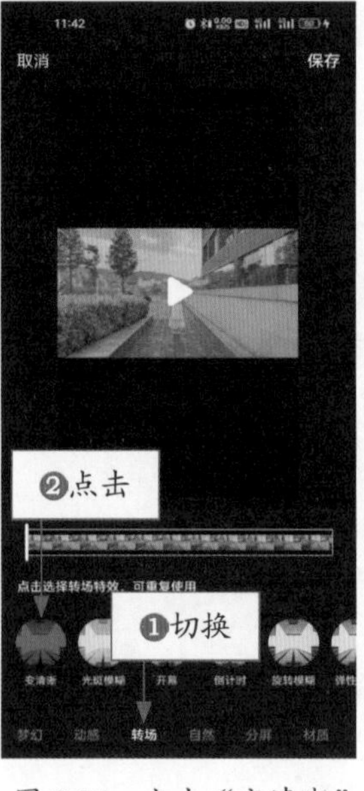

图 8-24　点击“变清晰”特效

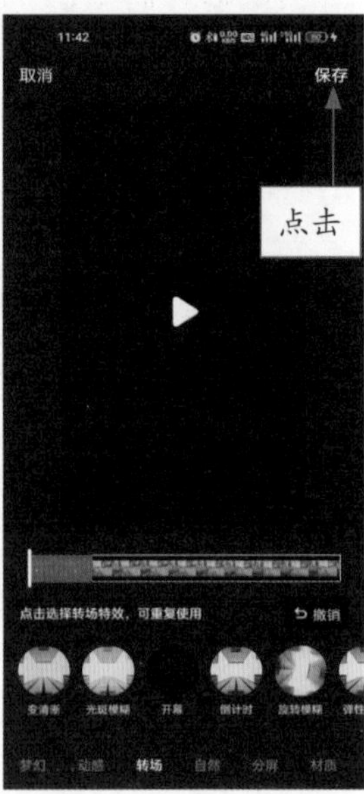

图 8-25　点击“保存”按钮

8.3.2　电视开机：增加画面复古感

【效果展示】：“电视开机”特效是指老电视开机时出现的效果，它有一种复古的感觉，能够带动观众回忆起自己的童年。使用“电视开机”特效能够增加视频的复古氛围，效果如图 8-26 所示。

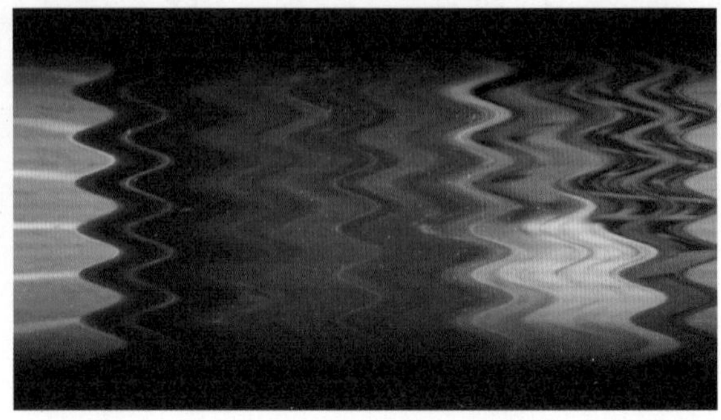

图 8-26　效果展示

图 8-26　效果展示（续）

下面介绍添加"电视开机"特效的具体操作方法。

素材文件	素材 \ 第 8 章 \8.3.2.mp4
效果文件	效果 \ 第 8 章 \8.3.2.mp4
视频文件	扫码可直接观看视频

【操练 + 视频】——电视开机：增加画面复古感

STEP 01 在抖音 App 中导入一个视频素材，进入视频编辑界面，点击展开图标，如图 8-27 所示。

STEP 02 展开右侧工具栏，点击"特效"按钮，如图 8-28 所示。

图 8-27　点击展开图标

图 8-28　点击"特效"按钮

STEP 03 进入特效界面，❶切换至"转场"选项卡；❷点击"电视开机"特效，如图 8-29 所示。

STEP 04 执行操作后，点击"保存"按钮，如图 8-30 所示。

图 8-29　点击"电视开机"特效

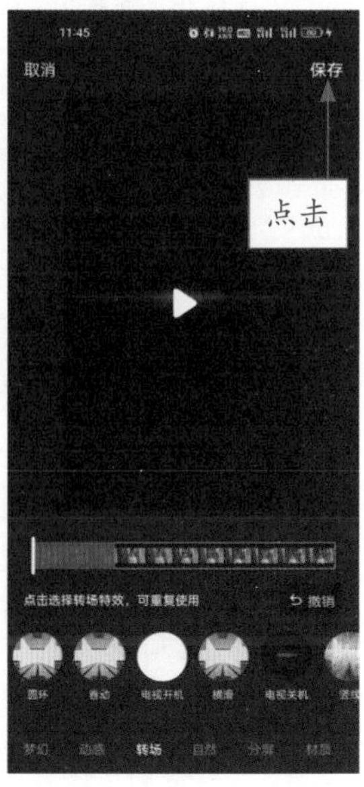

图 8-30　点击"保存"按钮

8.4 自然：能够让观众身临其境

自然特效主要是在视频中模拟大自然的天气现象和场景，如下雨、下雪以及闪电等。为了让效果看起来更加真实，自然特效更适用于户外拍摄的短视频。自然特效能够让观众仿佛置身于大自然中，效果逼真，容易让人有沉浸感。本节主要介绍两种自然特效的使用方法，即“蝴蝶”特效和“大雨”特效。

8.4.1 蝴蝶特效：提高画面生动性

【效果展示】：“蝴蝶”特效是指蝴蝶从四面八方飞过来，然后飞散。使用这种特效有一种进入仙境的感觉，效果如图 8-31 所示。

图 8-31 效果展示

下面介绍添加“蝴蝶”特效的具体操作方法。

	素材文件	素材 \ 第 8 章 \8.4.1.mp4
	效果文件	效果 \ 第 8 章 \8.4.1.mp4
	视频文件	扫码可直接观看视频

【操练 + 视频】——蝴蝶特效：提高画面生动性

STEP 01 在抖音 App 中导入一个视频素材，进入视频编辑界面，点击展开图标，如图 8-32 所示。

STEP 02 展开右侧工具栏，点击“特效”按钮，如图 8-33 所示。

STEP 03 进入特效界面，❶切换至“自然”选项卡；❷长按“蝴蝶”特效，如图 8-34 所示。

STEP 04 执行操作后，点击“保存”按钮，如图 8-35 所示。

图 8-32　点击展开图标

图 8-33　点击“特效”按钮

图 8-34　长按“蝴蝶”特效

图 8-35　点击“保存”按钮

8.4.2　大雨特效：增强画面朦胧感

【效果展示】：“大雨”特效是指视频画面呈现出一种被大雨淋湿的效果，使用这种特效能给视频增加一种朦胧感，效果如图 8-36 所示。

图 8-36　效果展示

图 8-36　效果展示（续）

下面介绍添加“大雨”特效的具体操作方法。

	素材文件	素材 \ 第 8 章 \8.4.2.mp4
	效果文件	效果 \ 第 8 章 \8.4.2.mp4
	视频文件	扫码可直接观看视频

【操练 + 视频】
——大雨特效：增强画面朦胧感

STEP 01 在抖音 App 中导入一个视频素材，进入视频编辑界面，点击展开图标，如图 8-37 所示。

STEP 02 展开右侧工具栏，点击“特效”按钮，如图 8-38 所示。

STEP 03 进入特效界面，❶切换至“自然”选项卡；❷长按“大雨”特效，如图 8-39 所示。

STEP 04 执行操作后，点击“保存”按钮，如图 8-40 所示。

图 8-37　点击展开图标

图 8-38　点击“特效”按钮

图 8-39　长按“大雨”特效

图 8-40　点击“保存”按钮

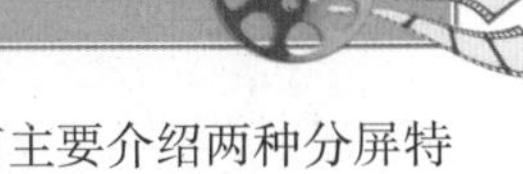

8.5　分屏：增强视频画面的对比

分屏特效是指将视频画面分成不同的屏幕，能够增强各个视频画面的对比。本节主要介绍两种分屏特效的使用方法，即“四屏”特效和“模糊分屏”特效。

8.5.1　四屏特效：赋予视频对称美

【效果展示】：“四屏”特效是指将视频分成四个一模一样的画面，使用这种特效能放大视频整体，容易引起别人的注意，而且具有一种对称之美，效果如图 8-41 所示。

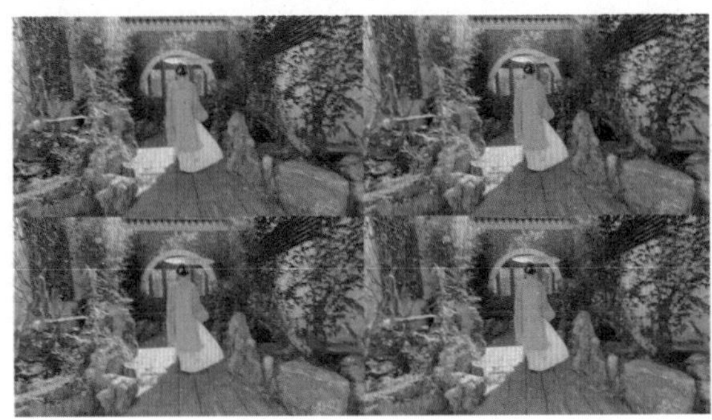

图 8-41　效果展示

图 8-41　效果展示（续）

下面介绍添加“四屏”特效的具体操作方法。

	素材文件	素材 \ 第 8 章 \8.5.1.mp4
	效果文件	效果 \ 第 8 章 \8.5.1.mp4
	视频文件	扫码可直接观看视频

【操练+视频】——四屏特效：赋予视频对称美

STEP 01 在抖音 App 中导入一个视频素材，进入视频编辑界面，点击展开图标，如图 8-42 所示。

STEP 02 展开右侧工具栏，点击“特效”按钮，如图 8-43 所示。

STEP 03 进入特效界面，❶切换至“分屏”选项卡；❷长按“四屏”特效，如图 8-44 所示。

STEP 04 执行操作后，点击“保存”按钮，如图 8-45 所示。

图 8-42　点击展开图标

图 8-43　点击“特效”按钮

图 8-44　长按“四屏”特效

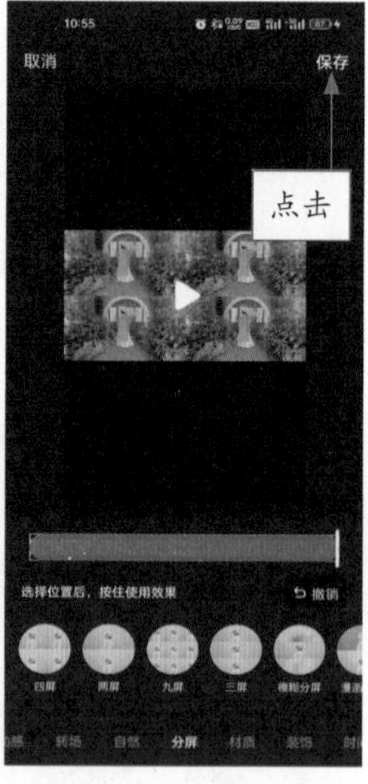

图 8-45　点击“保存”按钮

8.5.2　模糊分屏：提高画面神秘感

【效果展示】：“模糊分屏”特效是指视频的上面和下面是模糊的视频，中间是原视频，三者相互连接。上、下两面中的视频看不清楚，能够提高画面的神秘感，而且还可以突出中间的中心部分，效果如图 8-46 所示。

图 8-46　效果展示

下面介绍添加“模糊分屏”特效的具体操作方法。

	素材文件	素材 \ 第 8 章 \8.5.2.mp4
	效果文件	效果 \ 第 8 章 \8.5.2.mp4
	视频文件	扫码可直接观看视频

【操练 + 视频】——模糊分屏：提高画面神秘感

STEP 01 在抖音 App 中导入一个视频素材，进入视频编辑界面，点击展开图标，如图 8-47 所示。

STEP 02 展开右侧工具栏，点击“特效”按钮，如图 8-48 所示。

STEP 03 进入特效界面，❶切换至“分屏”选项卡；❷长按“模糊分屏”特效，如图 8-49 所示。

STEP 04 执行操作后，点击“保存”按钮，如图 8-50 所示。

图 8-47　点击展开图标

图 8-48　点击“特效”按钮

图 8-49　长按“模糊分屏”特效

图 8-50　点击“保存”按钮

8.6 材质：调整视频画面的质感

材质特效能让视频画面看起来有不同的质感效果，它能调节画面的材质，如磨砂、噪点、纸质感等。本节主要介绍两种材质特效的使用方法，即“彩色碎片”特效和“复古划痕”特效。

8.6.1 彩色碎片：增加视频闪光点

【效果展示】：“彩色碎片”特效是指在视频画面上会出现一圈明显的彩色碎片。使用这种特效能很好地抓住观众眼球，效果如图 8-51 所示。

图 8-51　效果展示

图 8-51　效果展示（续）

下面介绍添加“彩色碎片”特效的具体操作方法。

[QR]	素材文件	素材 \ 第 8 章 \8.6.1.mp4
	效果文件	效果 \ 第 8 章 \8.6.1.mp4
	视频文件	扫码可直接观看视频

【操练 + 视频】——彩色碎片：增加视频闪光点

STEP 01 在抖音 App 中导入一个视频素材，进入视频编辑界面，点击展开图标，如图 8-52 所示。

STEP 02 展开右侧工具栏，点击“特效”按钮，如图 8-53 所示。

图 8-52　点击展开图标

图 8-53　点击“特效”按钮

STEP 03 进入特效界面，❶切换至“材质”选项卡；❷长按“彩色碎片”特效，如图 8-54 所示。

STEP 04 执行操作后，点击“保存”按钮，如图 8-55 所示。

图 8-54　长按“彩色碎片”特效

图 8-55　点击“保存”按钮

8.6.2　复古划痕：增强画面回忆性

【效果展示】：“复古划痕”特效是指视频画面上有划痕的效果，使画面整体蒙上一层复古的色调。使用这种特效能够为视频增添旧时光的感觉，效果如图 8-56 所示。

图 8-56　效果展示

下面介绍添加“复古划痕”特效的具体操作方法。

	素材文件	素材 \ 第 8 章 \8.6.2.mp4
	效果文件	效果 \ 第 8 章 \8.6.2.mp4
	视频文件	扫码可直接观看视频

【操练 + 视频】——复古划痕：增强画面回忆性

STEP 01 在抖音 App 中导入一个视频素材，进入视频编辑界面，点击展开图标，如图 8-57 所示。

STEP 02 展开右侧工具栏，点击“特效”按钮，如图 8-58 所示。

STEP 03 进入特效界面，❶切换至“材质”选项卡；❷长按“复古划痕”特效，如图 8-59 所示。

STEP 04 执行操作后，点击“保存”按钮，如图 8-60 所示。

图 8-57　点击展开图标

图 8-58　点击“特效”按钮

图 8-59　长按“复古划痕”特效

图 8-60　点击“保存”按钮

8.7 装饰：帮助主体增强特效感

装饰特效的特点是为视频主体增添不同的装饰物，以此改变视频的整体效果。本节主要介绍两种装饰特效的使用方法，即“分身”特效和“漫画”特效。

8.7.1　分身特效：聚集观众的视线

【效果展示】：“分身”特效是指为视频画面中的人物增加多个分身。使用这种特效能增强画面的视觉效果，也能将人们的目光聚集在画面中心，效果如图 8-61 所示。

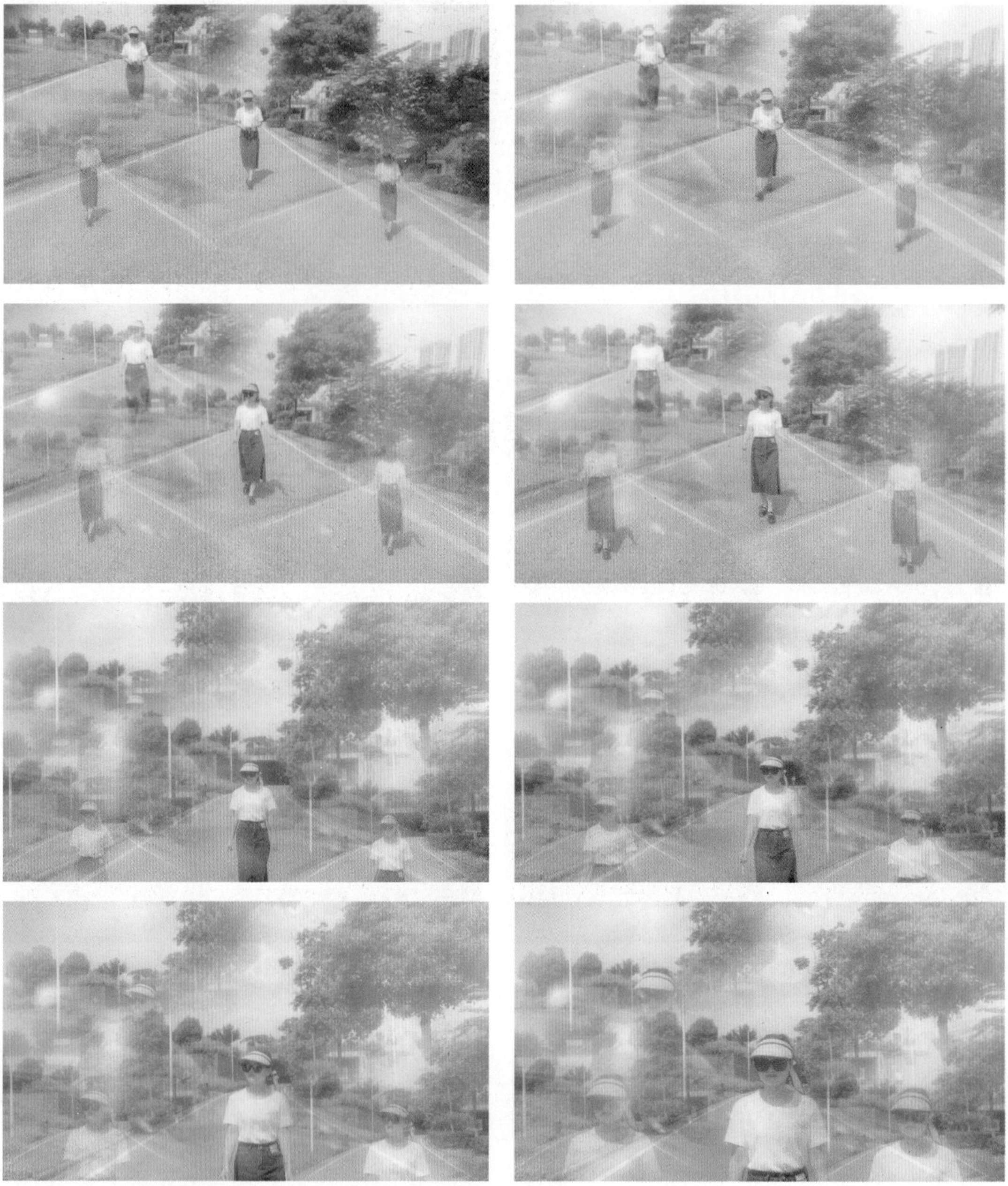

图 8-61　效果展示

下面介绍添加“分身”特效的具体操作方法。

	素材文件	素材 \ 第 8 章 \8.7.1.mp4
	效果文件	效果 \ 第 8 章 \8.7.1.mp4
	视频文件	扫码可直接观看视频

【操练 + 视频】——分身特效：聚集观众的视线

STEP 01 在抖音 App 中导入一个视频素材，进入视频编辑界面，点击展开图标，如图 8-62 所示。

图 8-62　点击展开图标

STEP 02 展开右侧工具栏，点击“特效”按钮，如图 8-63 所示。

图 8-63　点击“特效”按钮

STEP 03 进入特效界面，❶切换至“装饰”选项卡；❷点击“分身”特效，如图 8-64 所示。

图 8-64　点击“分身”特效

STEP 04 执行操作后，点击“保存”按钮，如图 8-65 所示。

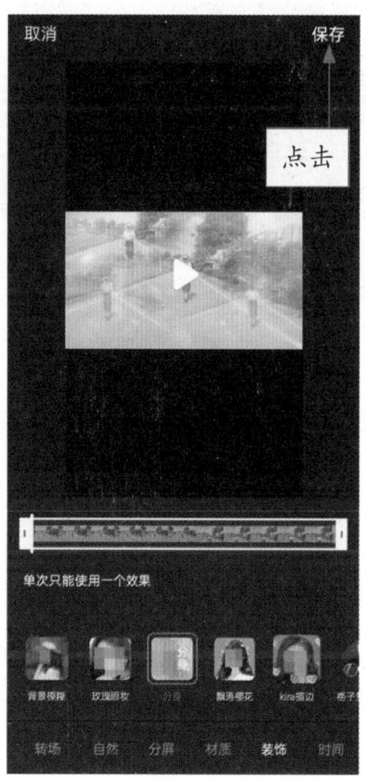

图 8-65　点击“保存”按钮

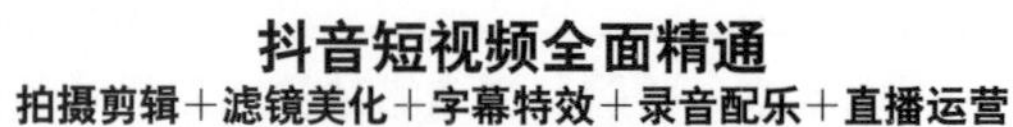

8.7.2 漫画特效：人物秒变卡通脸

【效果展示】：“漫画”特效是指将视频中的人脸变成卡通脸，让视频具有强烈的动漫风格，效果如图 8-66 所示。

图 8-66 效果展示

下面介绍添加“漫画”特效的具体操作方法。

	素材文件	素材 \ 第 8 章 \8.7.2.mp4
	效果文件	效果 \ 第 8 章 \8.7.2.mp4
	视频文件	扫码可直接观看视频

【操练 + 视频】——漫画特效：人物秒变卡通脸

STEP 01 在抖音 App 中导入一个视频素材，进入视频编辑界面，点击展开图标，如图 8-67 所示。

STEP 02 展开右侧工具栏，点击“特效”按钮，如图 8-68 所示。

STEP 03 进入特效界面，❶切换至“装饰”选项卡；❷点击“漫画”特效，如图 8-69 所示。

STEP 04 执行操作后，点击“保存”按钮，如图 8-70 所示。

图 8-67　点击展开图标

图 8-68　点击“特效”按钮

图 8-69　点击“漫画”特效

图 8-70　点击“保存”按钮

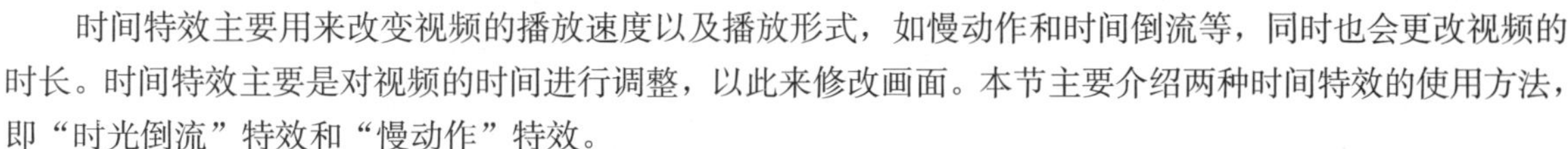

8.8　时间：提高视频的流畅程度

时间特效主要用来改变视频的播放速度以及播放形式，如慢动作和时间倒流等，同时也会更改视频的时长。时间特效主要是对视频的时间进行调整，以此来修改画面。本节主要介绍两种时间特效的使用方法，即“时光倒流”特效和“慢动作”特效。

8.8.1　时光倒流：提高画面记忆点

【效果展示】：“时光倒流”特效是指将视频中的画面进行倒放处理。这种特效具有极大的反转效果，常用在一些倒叙视频中，可以让观众提起兴趣，让人印象深刻，效果如图 8-71 所示。

图 8-71　效果展示

图 8-71　效果展示（续）

下面介绍添加“时光倒流”特效的具体操作方法。

	素材文件	素材 \ 第 8 章 \8.8.1.mp4
	效果文件	效果 \ 第 8 章 \8.8.1.mp4
	视频文件	扫码可直接观看视频

【操练 + 视频】——时光倒流：提高画面记忆点

STEP 01 在抖音 App 中导入一个视频素材，进入视频编辑界面，点击展开图标，如图 8-72 所示。

STEP 02 展开右侧工具栏，点击“特效”按钮，如图 8-73 所示。

图 8-72　点击展开图标

图 8-73　点击“特效”按钮

STEP 03 进入特效界面，❶切换至“时间”选项卡；❷点击“时光倒流”特效，如图 8-74 所示。

STEP 04 执行操作后，点击“保存”按钮，如图 8-75 所示。

图 8-74　点击“时光倒流”特效

图 8-75　点击“保存”按钮

8.8.2　慢动作：赋予画面飘逸感

【效果展示】：“慢动作”特效是指将视频中的某一段画面进行慢放。使用这种特效可以放大人物的动作，有利于展现其动作的飘逸性，赋予其美感，效果如图 8-76 所示。

图 8-76　效果展示

图 8-76　效果展示（续）

下面介绍添加“慢动作”特效的具体操作方法。

	素材文件	素材 \ 第 8 章 \8.8.2.mp4
	效果文件	效果 \ 第 8 章 \8.8.2.mp4
	视频文件	扫码可直接观看视频

【操练＋视频】——慢动作：赋予画面飘逸感

STEP 01 在抖音 App 中导入一个视频素材，进入视频编辑界面，点击展开图标，如图 8-77 所示。

STEP 02 展开右侧工具栏，点击“特效”按钮，如图 8-78 所示。

STEP 03 进入特效界面，❶切换至“时间”选项卡；❷拖曳时间轴至合适的位置处；❸点击“慢动作”特效，如图 8-79 所示。

STEP 04 ❶将特效的持续时间设置为 2.5s；❷点击“保存”按钮，如图 8-80 所示。

图 8-77　点击展开图标

图 8-78　点击“特效”按钮

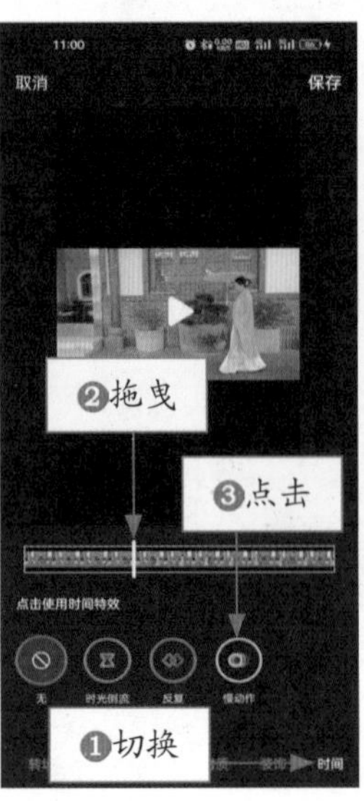

图 8-79　点击“慢动作”特效

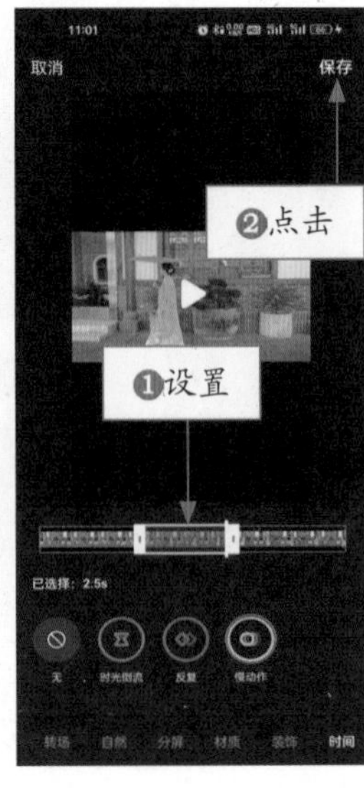

图 8-80　点击“保存”按钮

第9章

发布：视频面向观众的重要一步

章前知识导读

发布是短视频与观众见面的非常关键的一步，也是视频获得观众点击和喜爱的不可缺少的一步。本章主要介绍在抖音 App 中发布视频的相关操作技巧。

新手重点索引

- 标题文案：提升视频点击率
- 封面设计：提高视频吸引力
- 其他设置：扩大视频受众度

效果图片欣赏

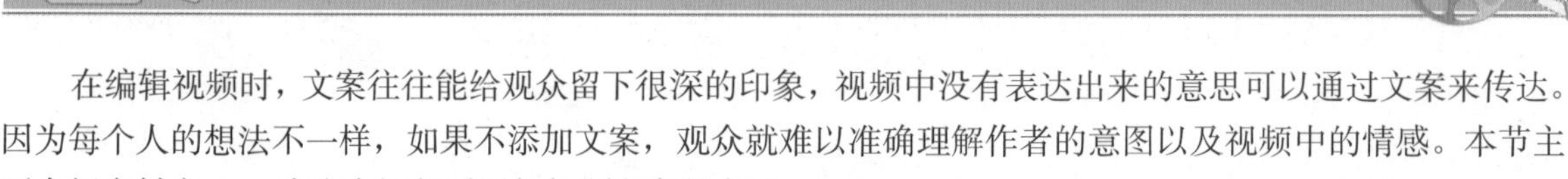

9.1 标题文案：提升视频点击率

在编辑视频时，文案往往能给观众留下很深的印象，视频中没有表达出来的意思可以通过文案来传达。因为每个人的想法不一样，如果不添加文案，观众就难以准确理解作者的意图以及视频中的情感。本节主要介绍在抖音 App 中发布视频时添加标题文案的方法。

9.1.1 作品描述：提高视频完整度

用户可以根据短视频的画面场景来为视频添加相应的文字描述，它可以是整个视频的内容总结，也可以是对视频画面的描述。下面介绍添加作品描述的具体操作方法。

	素材文件	素材 \ 第 9 章 \9.1.1.mp4
	效果文件	无
	视频文件	扫码可直接观看视频

【操练 + 视频】
——作品描述：提高视频完整度

STEP 01 在抖音 App 中导入一个视频素材，进入视频编辑界面，点击“下一步”按钮，如图 9-1 所示。

STEP 02 进入发布界面，❶输入文字描述；❷点击“发布”按钮，如图 9-2 所示。

图 9-1 点击“下一步”按钮

❶输入

❷点击

图 9-2 点击“发布”按钮

STEP 03 执行操作后，即可发布该视频，预览视频效果，如图 9-3 所示。

图 9-3 预览视频效果

STEP 04 为增强观看效果，可以点击“全屏观看”按钮，效果如图 9-4 所示。

图 9-4 全屏观看效果

STEP 05 进入全屏观看界面，点击屏幕即可隐藏进度条，效果如图 9-5 所示。

图 9-5 隐藏进度条

9.1.2　添加话题：增加上热门机会

用户在抖音中发布视频时可以为视频添加话题，此时最好选择参与人数较多的话题，这样有利于被更多人看到，增加上热门的机会。下面介绍添加话题的具体操作方法。

	素材文件	素材 \ 第 9 章 \9.1.2.mp4
	效果文件	无
	视频文件	扫码可直接观看视频

【操练 + 视频】
——添加话题：增加上热门机会

STEP 01 在抖音 App 中导入一个视频素材，进入视频编辑界面，点击“下一步”按钮，如图 9-6 所示。

STEP 02 进入发布界面，点击“添加话题”按钮，如图 9-7 所示。

图 9-6　点击“下一步”按钮

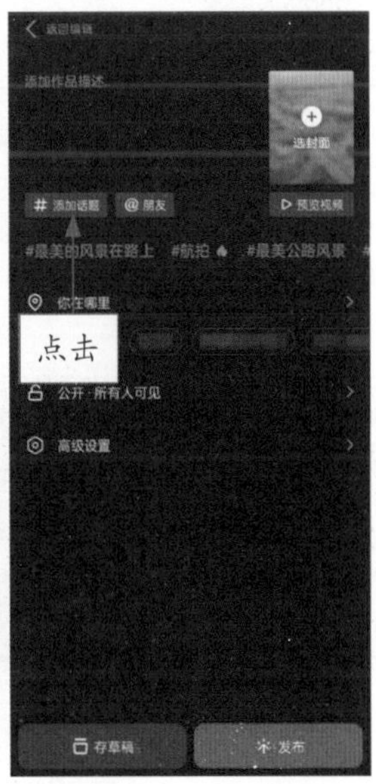

图 9-7　点击“添加话题”按钮

STEP 03 进入添加话题界面，添加 2 个播放次数比较多的话题，如图 9-8 所示。

STEP 04 执行操作后，点击“发布”按钮，如图 9-9 所示。

STEP 05 执行操作后，即可发布该视频，预览视频效果，如图 9-10 所示。

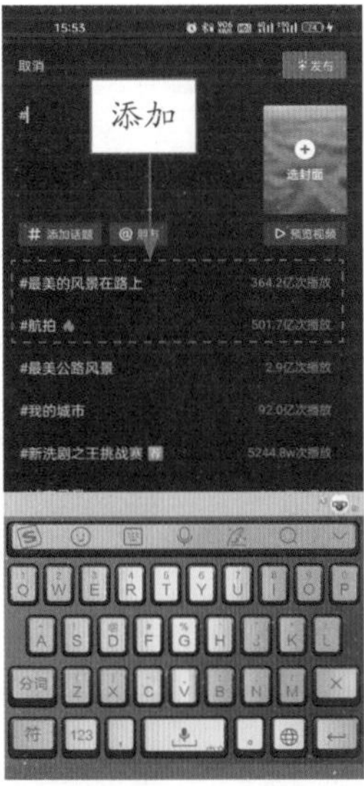

图 9-8　添加话题　　图 9-9　点击“发布”按钮

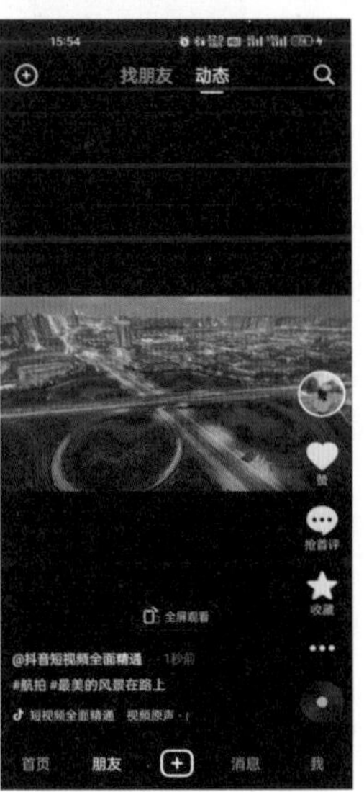

图 9-10　预览视频效果

9.1.3　艾特朋友：增强账号互动性

用户可以在视频的标题文案中 @（艾特）朋友，提醒好友来观看这个视频，给视频增加人气。下面介绍艾特朋友的具体操作方法。

	素材文件	素材 \ 第 9 章 \9.1.3.mp4
	效果文件	无
	视频文件	扫码可直接观看视频

【操练 + 视频】——艾特朋友：增强账号互动性

STEP 01 在抖音 App 中导入一个视频素材，进入视频编辑界面，点击“下一步”按钮，如图 9-11 所示。

STEP 02 进入发布界面，点击“@ 朋友”按钮，如图 9-12 所示。

STEP 03 进入 @ 朋友界面，选择一个想要艾特的人，如图 9-13 所示。

图 9-11　点击“下一步”按钮

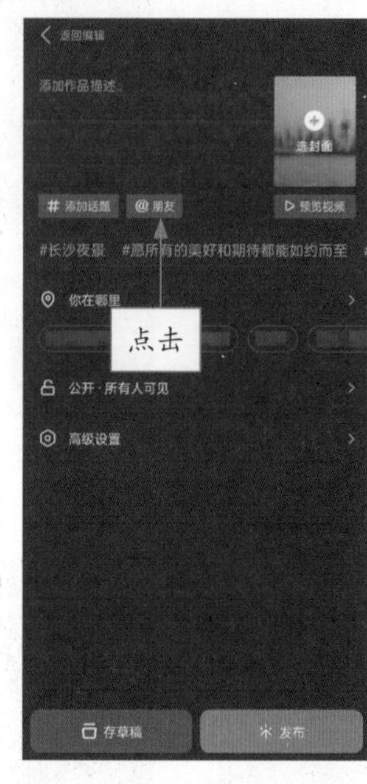

图 9-12　点击“@ 朋友”按钮

图 9-13　选择想要艾特的人

STEP 04 执行操作后，点击“发布”按钮，如图 9-14 所示。

STEP 05 执行操作后，即可发布该视频，预览视频效果，如图 9-15 所示。

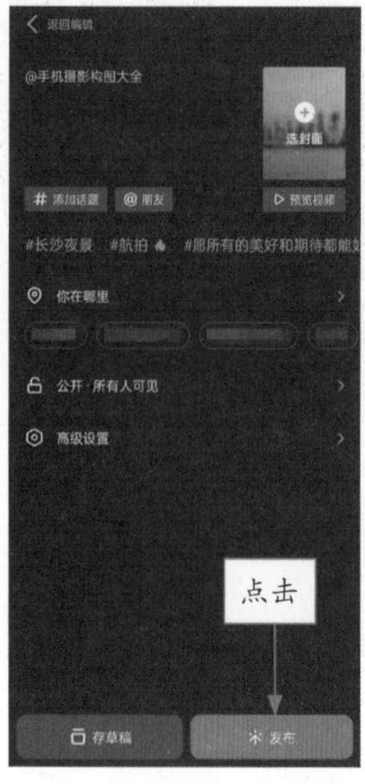

图 9-14　点击“发布”按钮

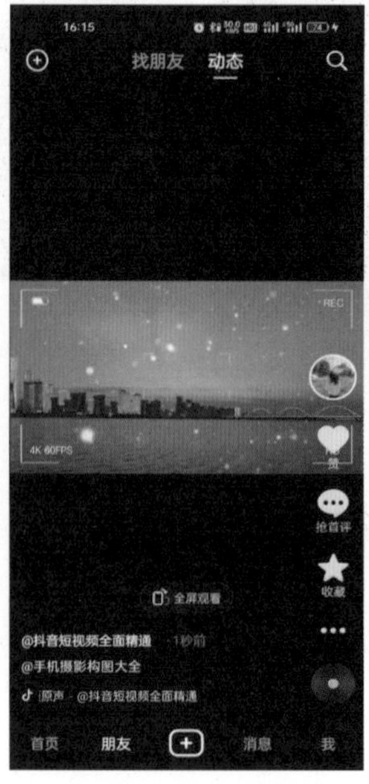

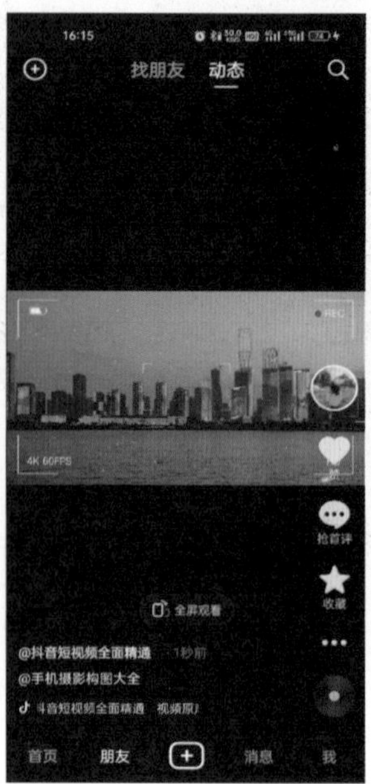

图 9-15　预览视频效果

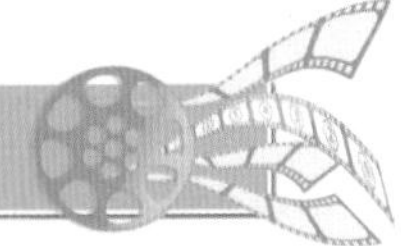

9.2 封面设计：提高视频吸引力

在抖音 App 中，观众对一个视频感兴趣后，很可能会点进其主页，查看此账号的其他视频，这时封面就很重要。本节主要介绍抖音短视频封面的设计方法。

9.2.1　封面标题：吸引观众注意力

封面标题的设置主要以明显和美观为主，字数要精简，这样才能引起用户注意，提高观看的概率。下面介绍封面标题的具体设置方法。

	素材文件	素材 \ 第 9 章 \9.2.1.mp4
	效果文件	无
	视频文件	扫码可直接观看视频

【操练 + 视频】
——封面标题：吸引观众注意力

STEP 01 在抖音 App 中导入一个视频素材，进入视频编辑界面，点击“下一步”按钮，如图 9-16 所示。

STEP 02 进入发布界面，点击“选封面”按钮，如图 9-17 所示。

图 9-16　点击“下一步”按钮

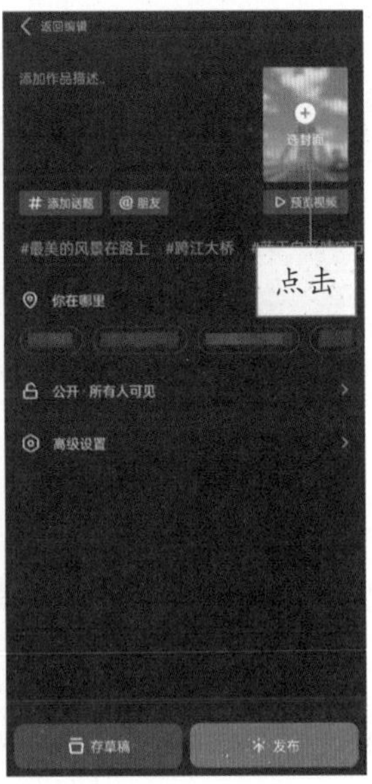

图 9-17　点击“选封面”按钮

STEP 03 ❶选择一个美观度较高的封面；❷点击“自定义”按钮，如图 9-18 所示。

图 9-18　点击“自定义”按钮

STEP 04 执行操作后，输入相应文字，如图 9-19 所示。

图 9-19　输入相应文字

STEP 05 ❶选择一个合适的字体样式；❷选择一个合适的底纹；❸点击“完成”按钮，如图 9-20 所示。

STEP 06 ❶调整标题文字的位置；❷点击“保存”按钮，如图 9-21 所示。

图 9-20　点击“完成”按钮

图 9-21　点击“保存”按钮

STEP 07 返回发布界面，点击“发布”按钮，如图 9-22 所示。

STEP 08 发布完成后，进入“我”界面可查看封面标题的设置效果，如图 9-23 所示。

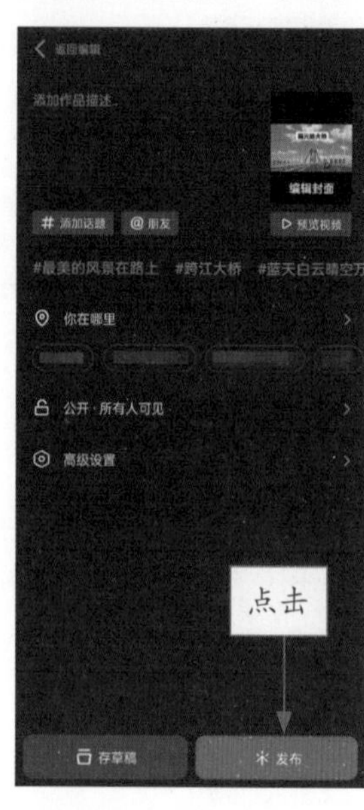

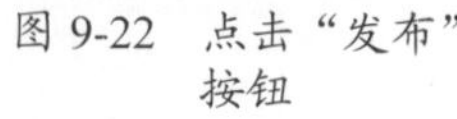

图 9-22　点击“发布”按钮

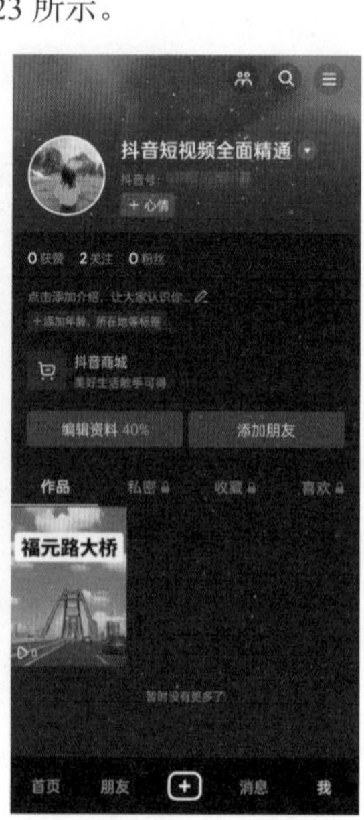

图 9-23　查看封面标题效果

9.2.2　样式设计：提高视频点击率

除了简单的封面标题设计之外，我们还需要注重封面标题的样式设计，因为精美的东西往往更受大家欢迎。下面介绍封面标题的样式设计方法。

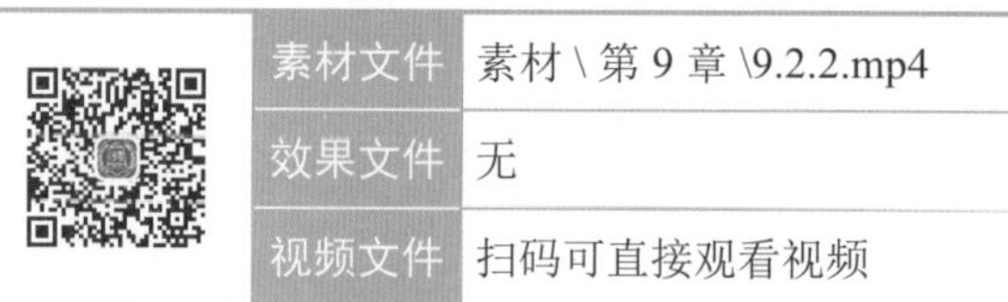

	素材文件	素材 \ 第 9 章 \9.2.2.mp4
	效果文件	无
	视频文件	扫码可直接观看视频

【操练 + 视频】

——样式设计：提高视频点击率

STEP 01 在抖音 App 中导入一个视频素材，进入视频编辑界面，点击“下一步”按钮，如图 9-24 所示。

STEP 02 进入发布界面，点击“选封面”按钮，如图 9-25 所示。

图 9-24　点击“下一步”按钮

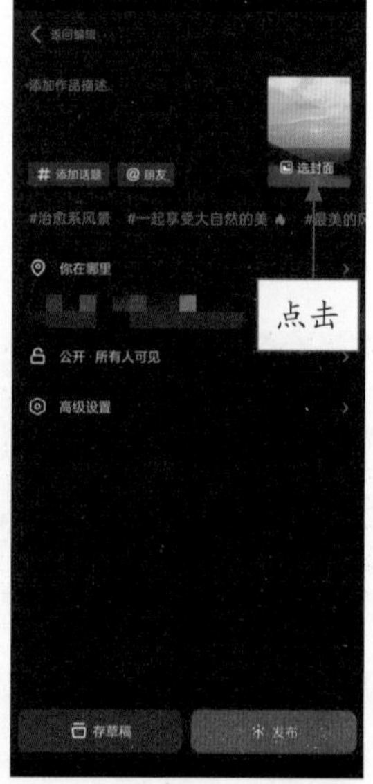

图 9-25　点击“选封面”按钮

STEP 03 执行操作后，❶选择一个美观度较高的封面；❷在“标题”选项卡中选择一个合适的标题，如图 9-26 所示。

STEP 04 ❶切换至“样式”选项卡；❷为标题文字选择一个合适的样式；❸调整好文字的大小和位置；❹点击“保存”按钮，如图 9-27 所示。

STEP 05 执行操作后，点击“发布”按钮，如图 9-28 所示。

STEP 06 发布完成后，查看封面标题的样式设计效果，如图 9-29 所示。

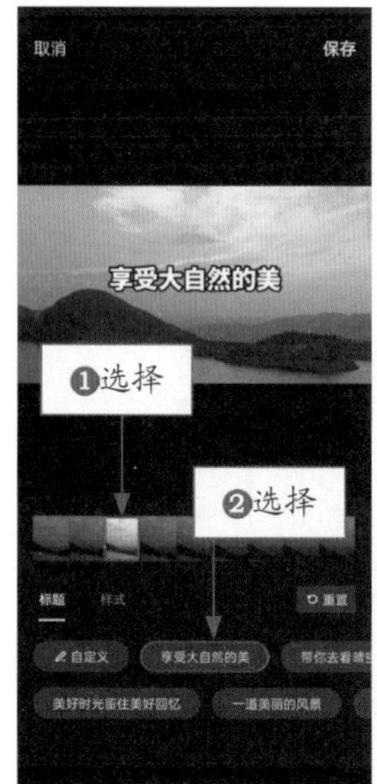

图 9-26　选择标题

图 9-27　点击“保存”按钮

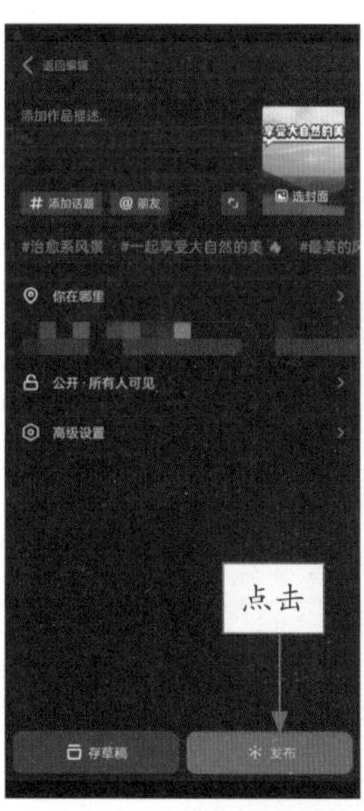

图 9-28　点击“发布”按钮

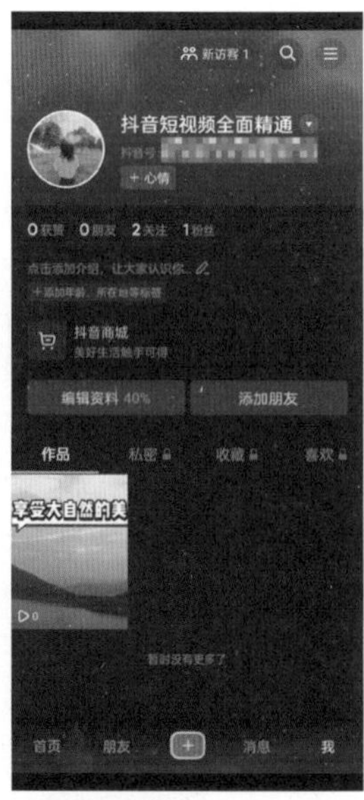

图 9-29　查看效果

9.3　其他设置：扩大视频受众度

除了标题文案和封面设计之外，在抖音 App 中发布视频前还有一些其他的设置，如添加位置、隐私设置、保存设置、合拍设置和转发设置等，本节主要介绍这些设置的操作方法。

9.3.1　添加位置：获得更多同城流量

用户在发布视频时，可以添加位置，这样能让更多人知晓视频中的具体位置，同时也可以让抖音将该视频推荐给所在位置的用户，从而获得更多同城流量。下面介绍添加位置的具体操作方法。

素材文件	素材 \ 第 9 章 \9.3.1.mp4
效果文件	无
视频文件	扫码可直接观看视频

【操练 + 视频】

——添加位置：获得更多同城流量

STEP 01 在抖音 App 中导入一个视频素材，进入视频编辑界面，点击“下一步”按钮，如图 9-30 所示。

STEP 02 进入发布界面，选择“你在哪里”选项，如图 9-31 所示。

图 9-30　点击“下一步”按钮

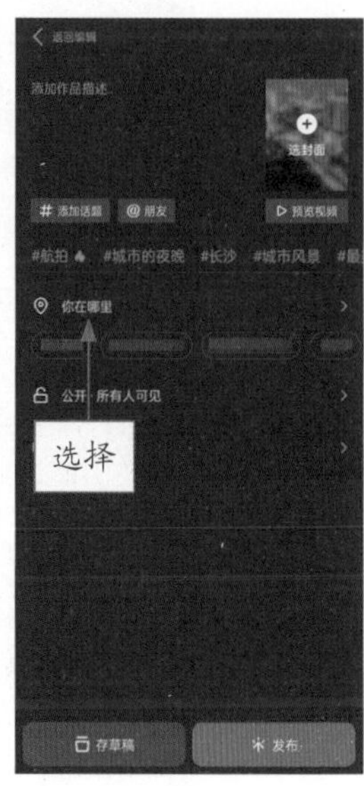

图 9-31　选择“你在哪里”选项

STEP 03 执行操作后，进入“添加位置”界面，选择一个位置，如图 9-32 所示。

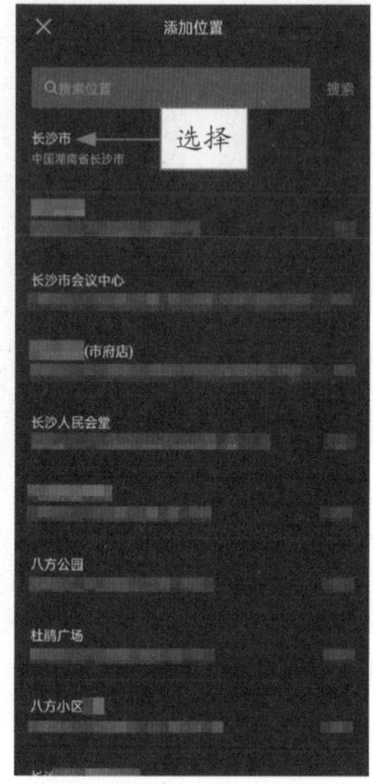

图 9-32　选择位置

STEP 04 返回发布界面，点击“发布”按钮，如图 9-33 所示。

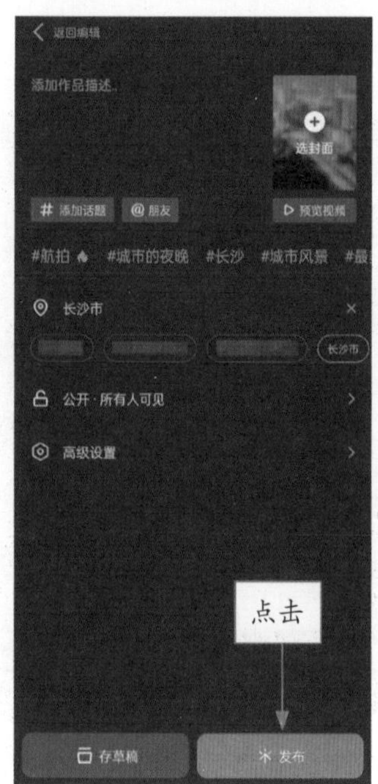

图 9-33　点击“发布”按钮

STEP 05 执行操作后，即可发布该视频并显示地理位置，预览视频效果，如图 9-34 所示。

图 9-34　预览视频效果

9.3.2　隐私设置：保护好身份信息

用户在发布视频时，对于一些涉及自身信息的视频，可以选择只让互关好友可见，这样能够有效地保护自己的隐私。下面介绍隐私设置的具体操作方法。

<table>
<tr><td rowspan="3"></td><td>素材文件</td><td>素材 \ 第 9 章 \9.3.2.mp4</td></tr>
<tr><td>效果文件</td><td>无</td></tr>
<tr><td>视频文件</td><td>扫码可直接观看视频</td></tr>
</table>

【操练 + 视频】——隐私设置：保护好身份信息

STEP 01 在抖音 App 中导入一个视频素材，进入视频编辑界面，点击“下一步”按钮，如图 9-35 所示。

图 9-35　点击“下一步”按钮

STEP 02 进入发布界面，选择“公开·所有人可见”选项，如图 9-36 所示。

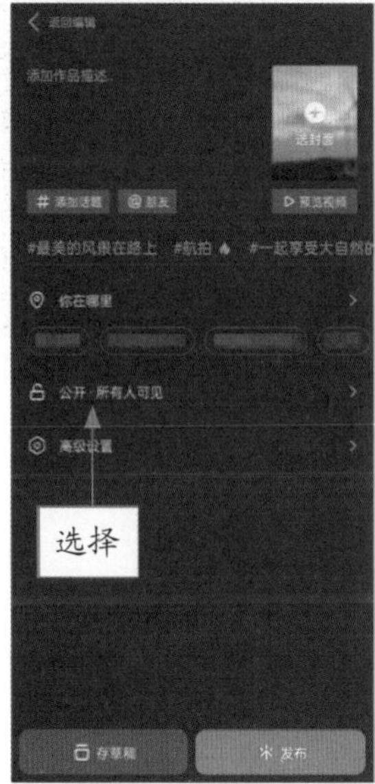

图 9-36　选择“公开·所有人可见”选项

STEP 03 在下方弹出的列表框中，选择“朋友·互关朋友可见”选项，如图 9-37 所示。

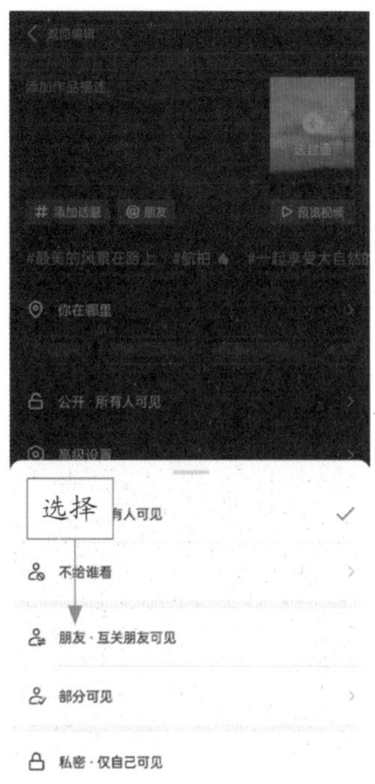

图 9-37　选择“朋友·互关朋友可见”选项

STEP 04 执行操作后，点击“发布”按钮，如图 9-38 所示。

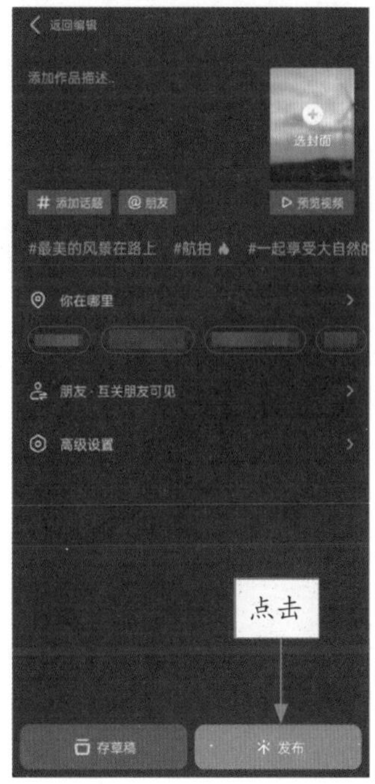

图 9-38　点击“发布”按钮

STEP 05 执行操作后，即可发布该视频，预览视频效果，如图 9-39 所示。

图 9-39　预览视频效果

STEP 06 发布完成后，进入“我”界面可查看隐私设置的效果，如图 9-40 所示。

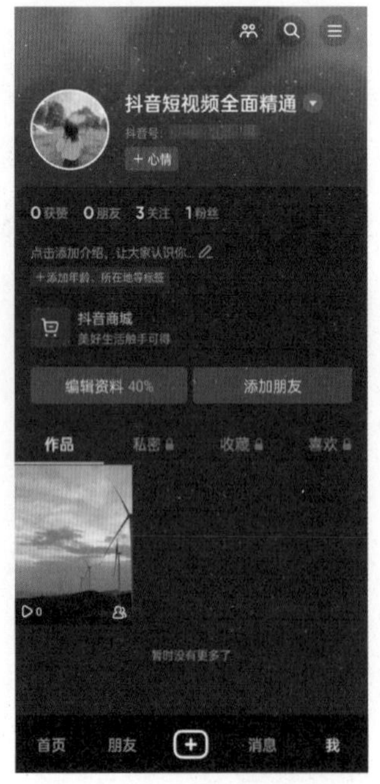

图 9-40　查看效果

9.3.3　下载设置：保护视频的独特性

用户在抖音 App 中发布视频时，为了避免视频被别人转载到其他平台上去，可以关闭下载视频功能，这样有利于保护视频的原创性。下面介绍下载设置的具体操作方法。

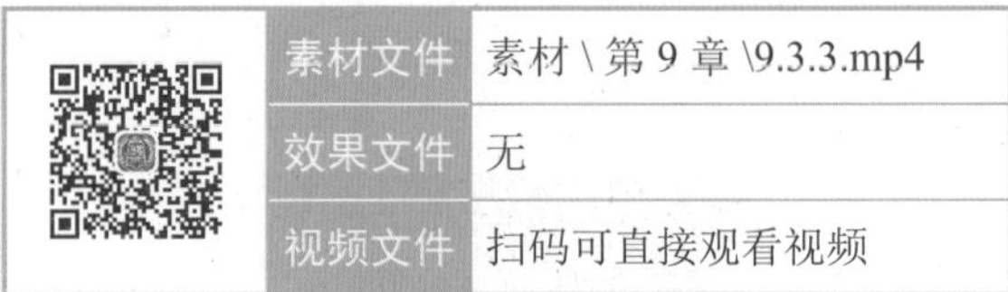

	素材文件	素材 \ 第 9 章 \9.3.3.mp4
	效果文件	无
	视频文件	扫码可直接观看视频

【操练 + 视频】
——下载设置：保护视频的独特性

STEP 01 在抖音 App 中导入一个视频素材，进入视频编辑界面，点击“下一步”按钮，如图 9-41 所示。

图 9-41　点击“下一步”按钮

STEP 02 进入发布界面，选择“高级设置”选项，如图 9-42 所示。

STEP 03 在下方弹出的列表框中，关闭“允许下载”功能，如图 9-43 所示。

STEP 04 返回发布界面，点击“发布”按钮，如图 9-44 所示。

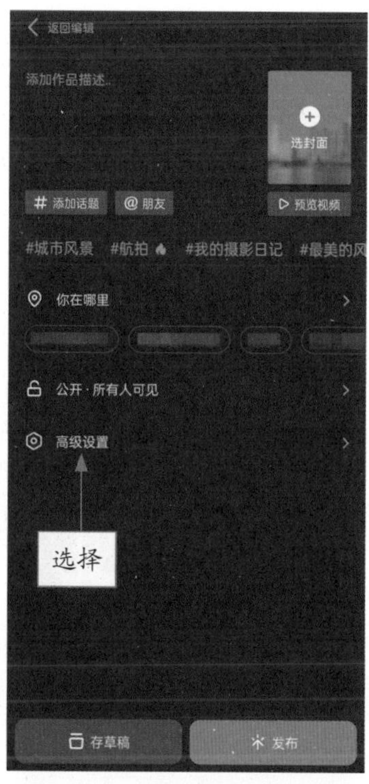

图 9-42　选择“高级设置”选项

图 9-43　关闭“允许下载”功能

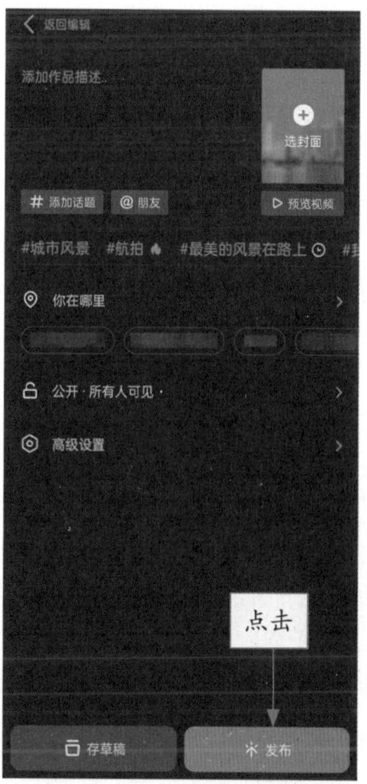

图 9-44　点击“发布”按钮

STEP 05 执行操作后，即可发布该视频，预览视频效果，如图 9-45 所示。

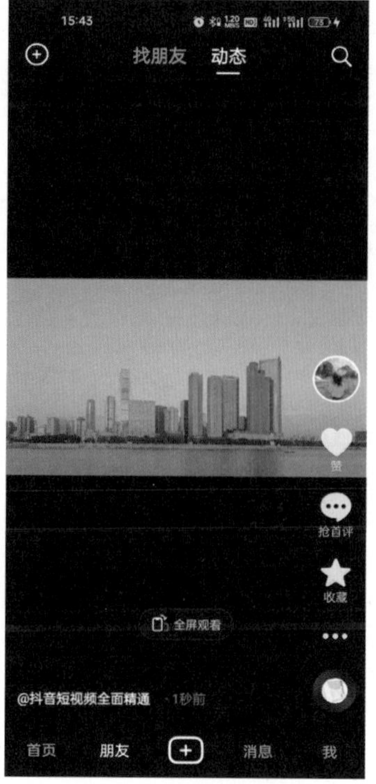

图 9-45　预览视频效果

图 9-45　预览视频效果（续）

9.3.4　合拍设置：提高视频的互动性

合拍是将两个视频合在一起进行播放，具有对比的效果。用户可以进行合拍设置，这样其他人就可以与你的视频进行合拍，从而提高视频的互动性和流量。下面介绍合拍设置的具体操作方法。

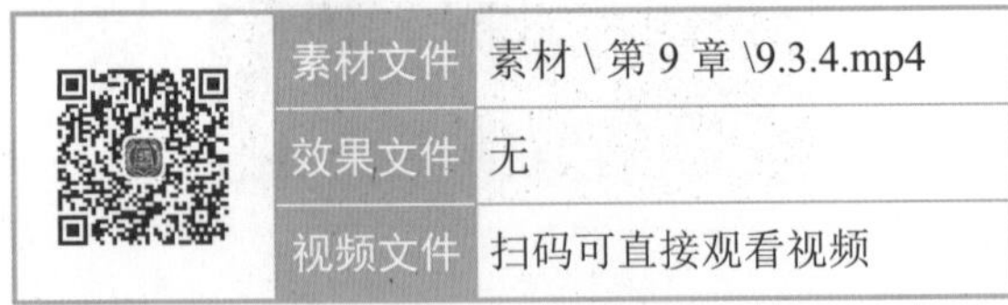

	素材文件	素材 \ 第 9 章 \9.3.4.mp4
	效果文件	无
	视频文件	扫码可直接观看视频

【操练 + 视频】
——合拍设置：提高视频的互动性

STEP 01 在抖音 App 中导入一个视频素材，进入视频编辑界面，点击“下一步”按钮，如图 9-46 所示。

STEP 02 进入发布界面，选择“高级设置”选项，如图 9-47 所示。

STEP 03 在下方弹出的列表框中，选择“谁可以合拍”选项，如图 9-48 所示。

STEP 04 在下方弹出的列表框中，选择“所有人”选项，如图 9-49 所示。

图 9-46　点击“下一步”按钮

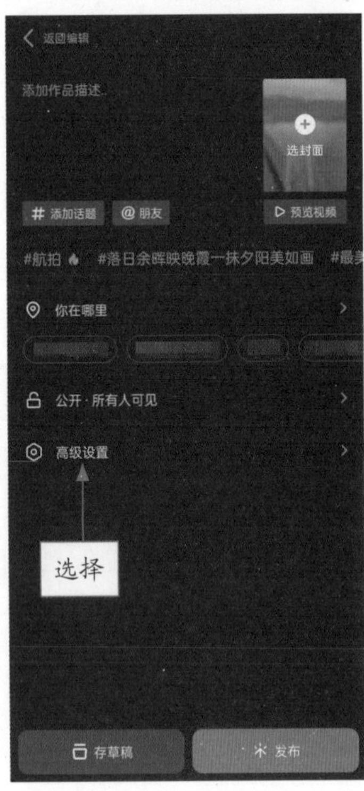

图 9-47　选择“高级设置”选项

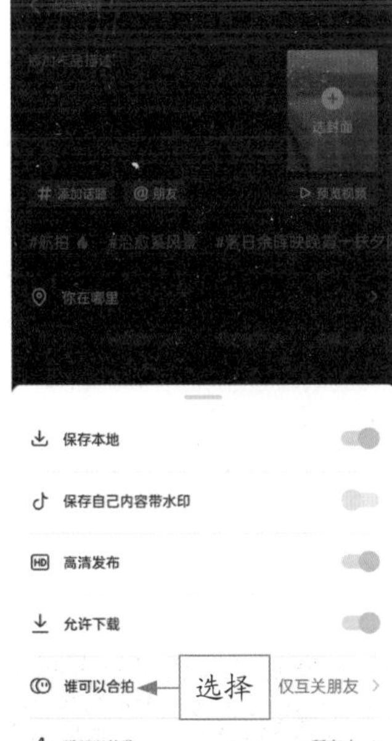

图 9-48　选择“谁可以合拍”选项

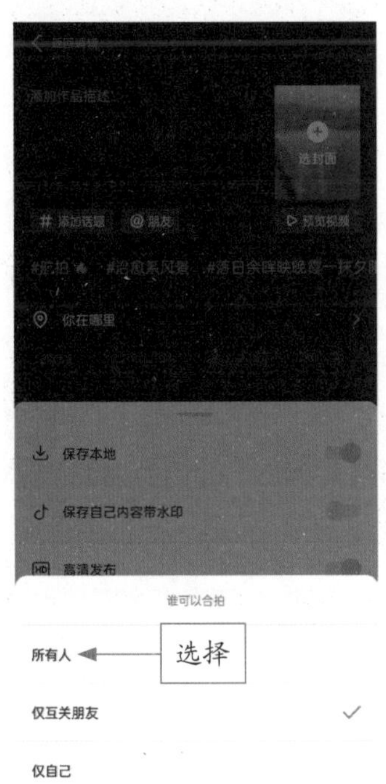

图 9-49　选择“所有人”选项

STEP 05 返回发布界面，为视频添加一个热门话题，如图 9-50 所示。

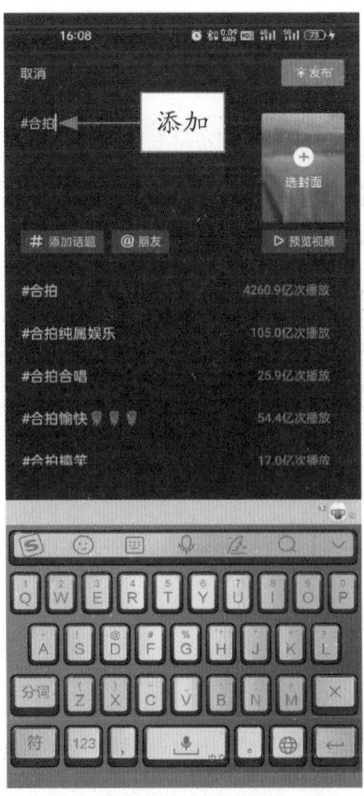

图 9-50　添加话题

STEP 06 执行操作后，点击“发布”按钮，如图 9-51 所示。

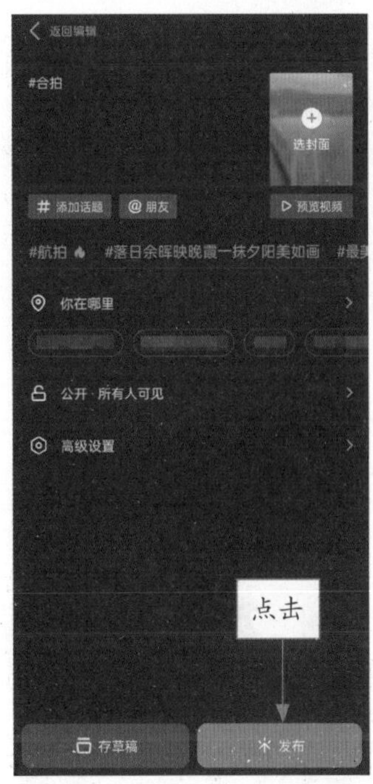

图 9-51　点击“发布”按钮

STEP 07 执行操作后，即可发布该视频，预览视频效果，如图 9-52 所示。

图 9-52 预览视频效果

9.3.5 转发设置：聚集视频的流量

如果用户不想自己的视频被别人转发，可以进行转发设置，这样能有效避免分流情况的出现。下面介绍转发设置的具体操作方法。

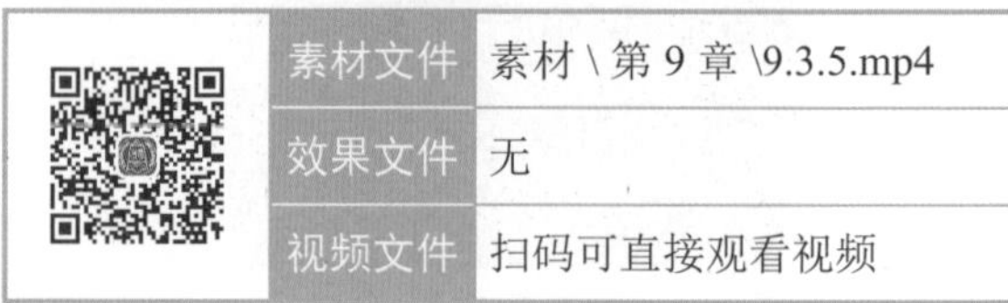

	素材文件	素材 \ 第 9 章 \9.3.5.mp4
	效果文件	无
	视频文件	扫码可直接观看视频

【操练 + 视频】
——转发设置：聚集视频的流量

STEP 01 在抖音 App 中导入一个视频素材，进入视频编辑界面，点击“下一步”按钮，如图 9-53 所示。

图 9-53 点击“下一步”按钮

STEP 02 进入发布界面，选择“高级设置”选项，如图 9-54 所示。

STEP 03 在下方弹出的列表框中，选择“谁可以转发”选项，如图 9-55 所示。

STEP 04 在下方弹出的列表框中，选择“仅互关朋友”选项，如图 9-56 所示。

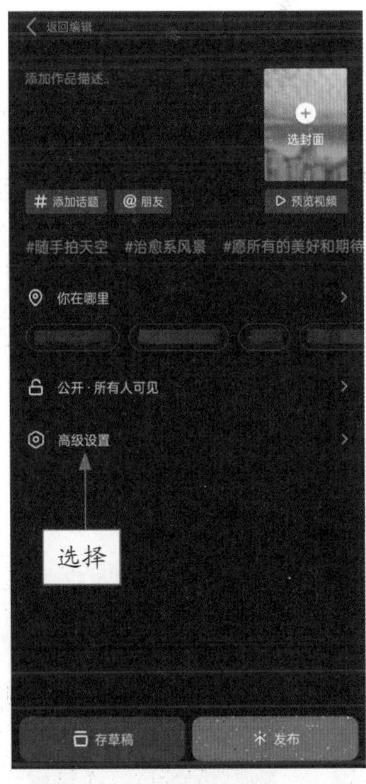

图 9-54　选择“高级设置”选项

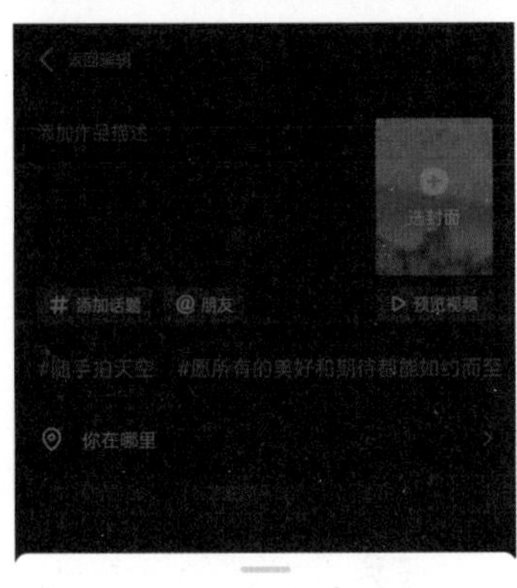
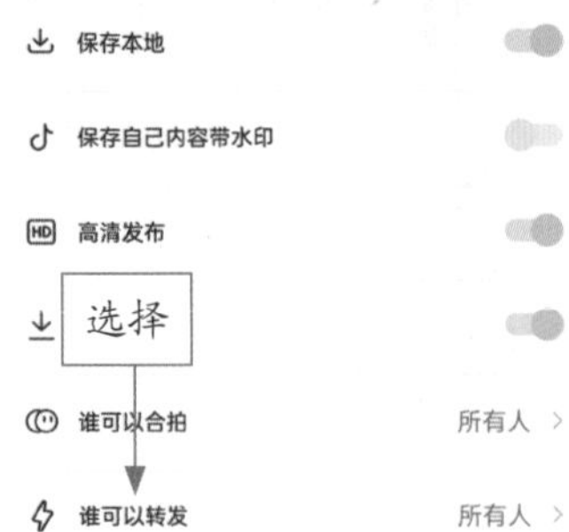

图 9-55　选择“谁可以转发”选项

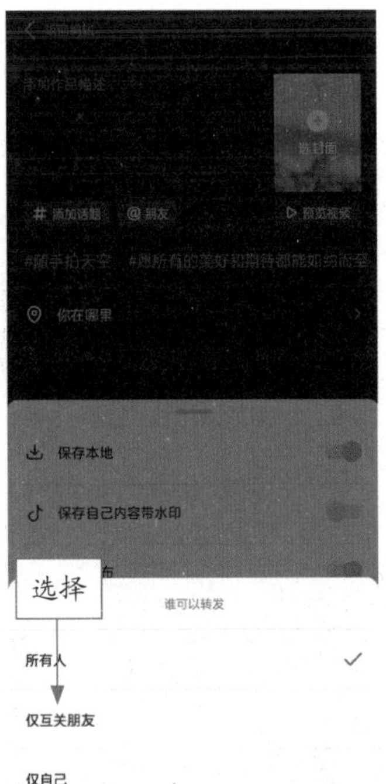

图 9-56　选择“仅互关朋友”选项

STEP 05 返回发布界面，❶为本视频添加一段文字描述；❷点击“添加话题”按钮，如图 9-57 所示，添加一个热门话题。

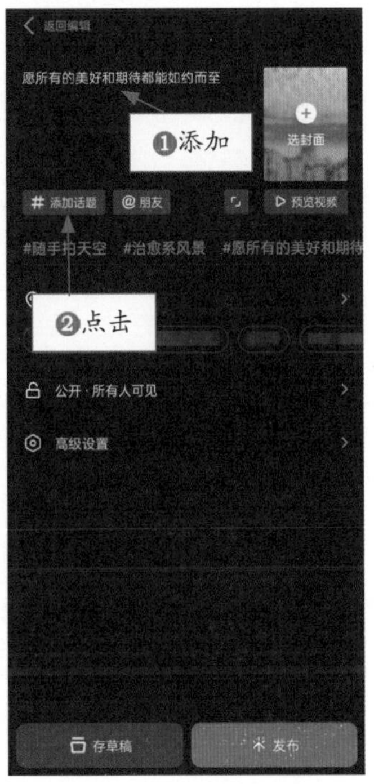

图 9-57　点击“添加话题”按钮

STEP 06 执行操作后，点击“发布”按钮，如图 9-58 所示。

STEP 07 执行操作后，即可发布该视频，预览视频效果，如图 9-59 所示。

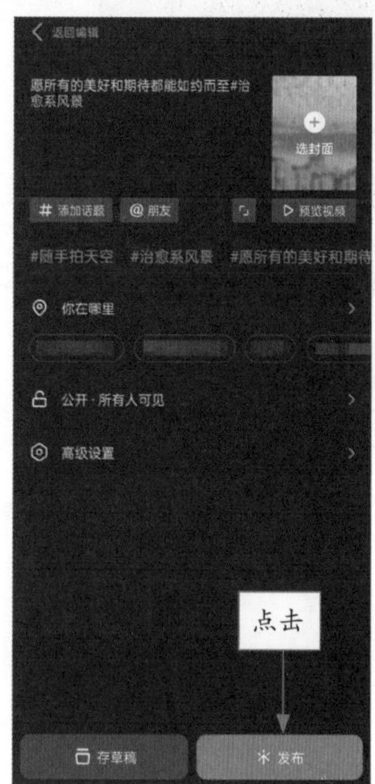

图 9-58 点击“发布”按钮

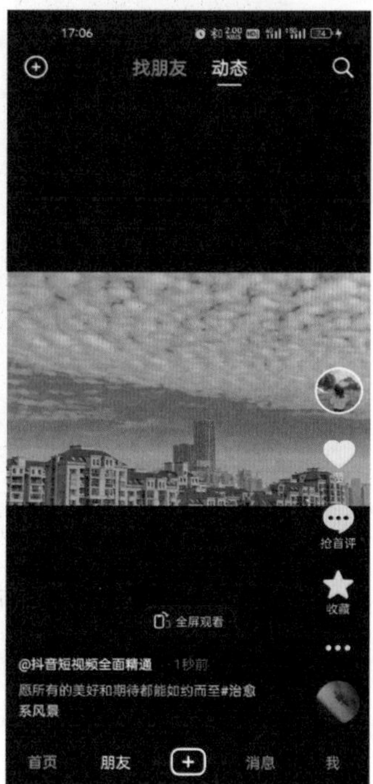

图 9-59 预览视频效果

第10章

抖音 App 中拥有巨大的流量，也暗藏着极大的商机。但要想成为一位专业的账号博主，却不是一件简单的事情。本章主要介绍抖音的一些运营技巧，以及如何在抖音 App 中进行引流和变现。

新手重点索引

- 账号运营：打造特色抖音名片
- 抖音引流：吸引更多用户注意
- 抖音运营：快速抓住机会盈利
- 抖音变现：深度挖掘视频价值

效果图片欣赏

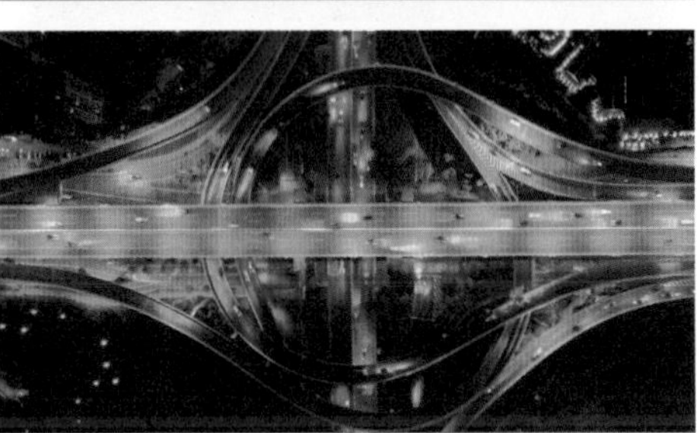

10.1 账号运营：打造特色抖音名片

抖音作为一个拥有着巨大流量的平台，俨然已经成为各大品牌和企业必备的运营平台。本节将从抖音账号的创建和运营注意事项等方面，来全面解读抖音的账号运营工作。

10.1.1 定制步骤：创建专业的账号

用户在刷抖音的时候，通常是利用碎片化的时间快速浏览。试想一下，当他浏览到一个界面的时候为什么会停下来？

他停下来的最根本原因是被表面的东西吸引了，而并不是具体的内容，因为内容是用户点进去之后才能看到的。那么，表面的东西是什么呢？它包括你的整体数据和封面图，以及账号对外展示的东西，如名字、头像和简介等。

1. 账号注册

注册抖音账号比较简单，运营者可以使用手机号进行验证登录，如图 10-1 所示。同时，运营者也可以直接使用今日头条、QQ、微信和微博等第三方平台的账号进行授权登录，如图 10-2 所示。

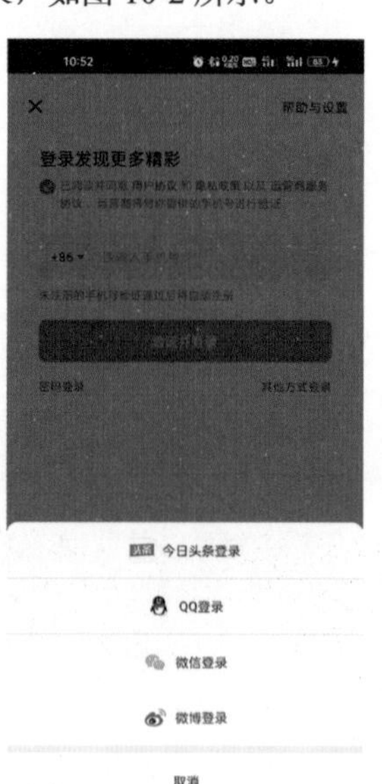

图 10-1 抖音登录界面 图 10-2 使用第三方平台账号进行授权登录

2. 账号认证

运营者要想在抖音平台上占据一方阵地，首先要有账号。有了账号后能发布视频，但这还不够，必须经过认证，才能有一定的身份。

运营者可以在抖音的“设置”界面中选择“账号与安全”选项进入其界面，然后选择“申请官方认证”选项，如图 10-3 所示。进入“抖音官方认证”界面，进行优质创作者认证，选择一个认证领域，如“摄影”，可以看到需要满足的基础条件，具体如下。

（1）实名认证。

（2）绑定手机号。

（3）近 30 天发布作品数≥ 3。

（4）粉丝数量≥ 1 万。

（5）近期账号无违规记录，且未发布低质 / 非原创内容。

满足上述条件后，可以点击图 10-4 所示的“下一步”按钮，申请认证。申请之后，只需等待抖音官方的审核。只要你的资料属实，审核会很快通过的。审核通过后，就会在个人资料里显示官方认证的字样，个人认证显示为黄色的 V，企业机构认证显示为蓝色的 V。

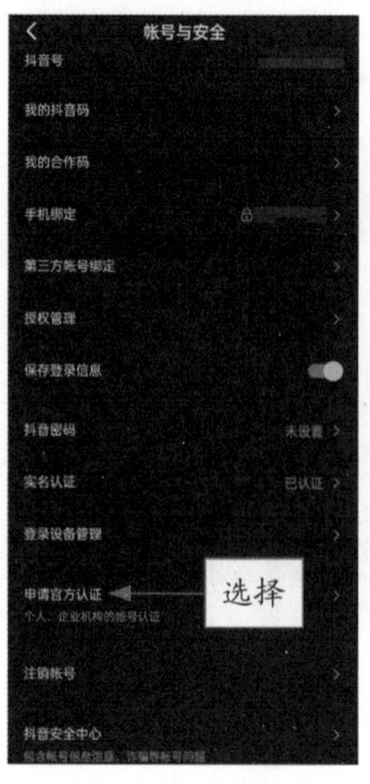

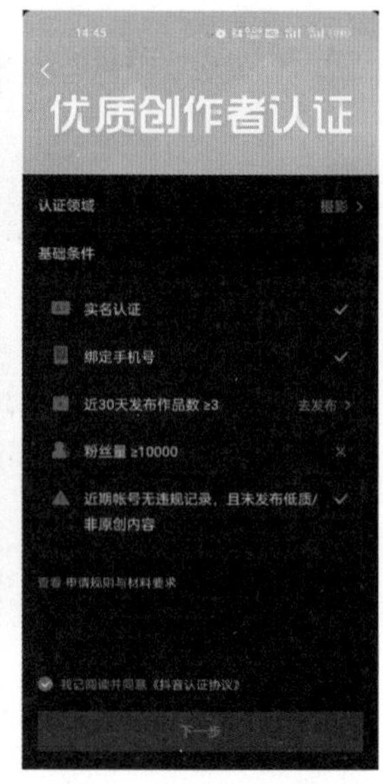

图 10-3 选择“申请官方认证”选项 图 10-4 “优质创作者认证”界面

同样的内容，由不同的账号发布的效果是完全不一样的，尤其是经过认证的账号和没有认证的账号，差距非常大。为什么会出现这种情况？因为抖音平台在给账号分配流量和进行推荐的时候，其实是根据你的账号权重大小决定的。

做过今日头条的运营者会发现，老账号的权重和新账号的权重，以及开了原创和没有开原创的账号权重，区别很大。在抖音上面也是一样的，一个没有加 V 的账号很难超过一个加 V 的账号，因此账号包装非常重要。

注册抖音账号后，即使是付费，也要将账号绑定一个认证的微博，这样你的抖音也会显示加 V。如果你的头条号已经是加 V 的，也可以绑定你的头条号，同时还可以绑定火山小视频、微信、QQ 以及手机号等。将所有的真实信息完善，使账号包装非常完美，此时再发布内容，得到流量和推荐的机会就会更大。

3. 昵称修改

抖音的昵称（即抖音账号名称）需要有特点，而且最好和定位相关。抖音修改昵称也非常方便，具体操作步骤如下。

STEP 01 登录抖音短视频 App，进入“我”界面，点击其中的“编辑资料”按钮，如图 10-5 所示。

STEP 02 进入“编辑个人资料”界面，选择“名字”选项，如图 10-6 所示。

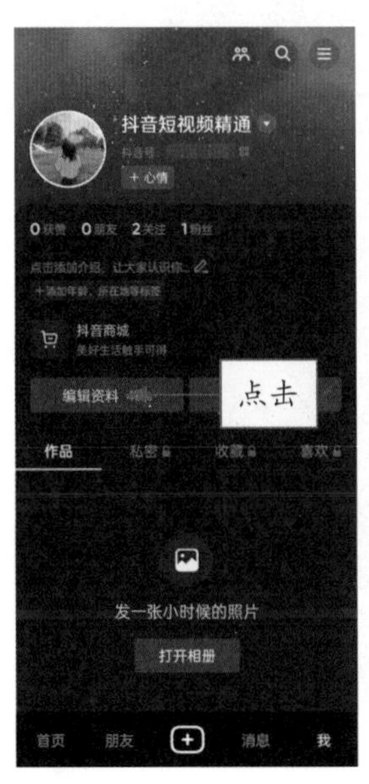

图 10-5　点击“编辑资料”按钮

图 10-6　选择“名字”选项

STEP 03 进入“修改名字”界面，❶在“我的名字”文本框中输入新的昵称；❷点击“保存”按钮保存，如图 10-7 所示。

STEP 04 操作完成后，返回“我”界面，可以看到此时账号昵称已修改，如图 10-8 所示。

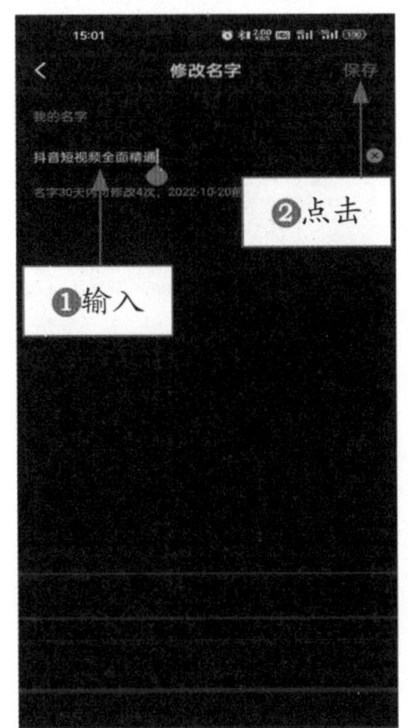

图 10-7　点击“保存”按钮

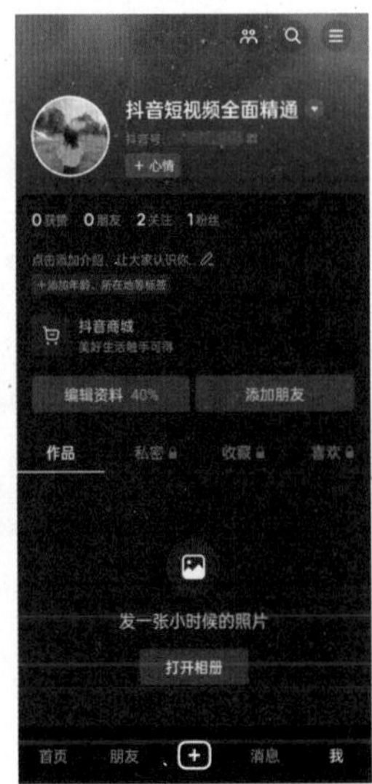

图 10-8　完成昵称的修改

在设置抖音昵称时，有两个基本的技巧，具体如下。

- 名字不能太长，太长的名字用户不容易记忆，通常为 3 ～ 5 个字即可。
- 最好能体现人设感，即看见名字就能联系到人设。人设是指人物设定，包括姓名、年龄、身高等基本的人物设定，以及企业、职位和成就等背景设定。

4. 头像设置

抖音账号的头像也需要有特点，必须展现自己最美的一面，或者展现企业的良好形象。抖音账号的头像设置主要有两种方式，具体如下。

（1）在“我”界面修改。

在抖音“我”界面中，可以通过以下步骤修改头像。

STEP 01 进入抖音短视频 App 的“我”界面，点击界面中的抖音头像，如图 10-9 所示。

STEP 02 进入头像展示界面，选择“更换头像”选项，如图 10-10 所示。

图 10-9　点击抖音头像

图 10-10　选择“更换头像”选项

（2）在编辑资料界面修改。

STEP 01 进入抖音短视频 App 的“我”界面，点击“编辑资料”按钮，如图 10-11 所示。

STEP 02 进入编辑资料界面，点击头像，便可在弹出的列表框中选择合适的方式修改头像，如图 10-12 所示。

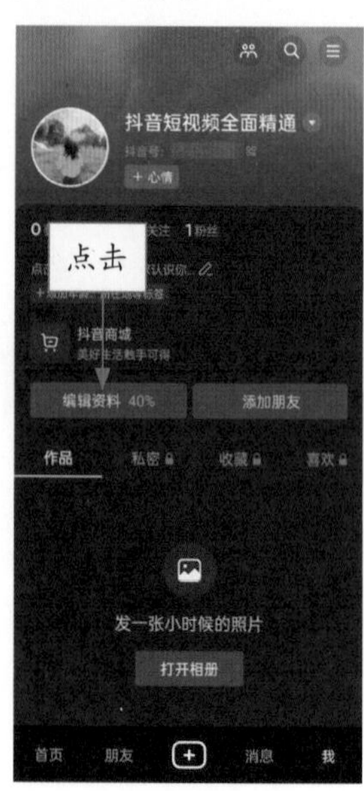

图 10-11　点击“编辑资料”按钮

图 10-12　选择合适的方式修改头像

在设置抖音头像时，有三个基本的技巧，具体如下。

- 头像一定要清晰。
- 个人账号一般使用主播肖像作为头像。
- 团体账号可以使用代表人物形象作为头像，或使用公司名称、LOGO 等标志。

5. 简介编写

抖音的账号简介通常要简单明了，一句话即可，主要原则是“描述账号+引导关注”，基本设置技巧如下。

- 前半句描述账号特点或功能，后半句引导关注，一定要明确出现关键词“关注”。
- 账号简介可以用多行文字，但一定要在多行文字的视觉中心出现“关注”两个字，如图 10-13 所示。
- 运营者可以在简介中巧妙地推荐其他账号，如图 10-14 所示。

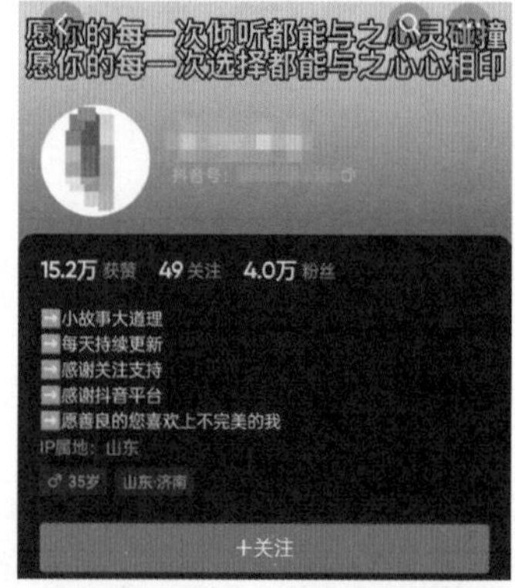

图 10-13　在简介中出现“关注”

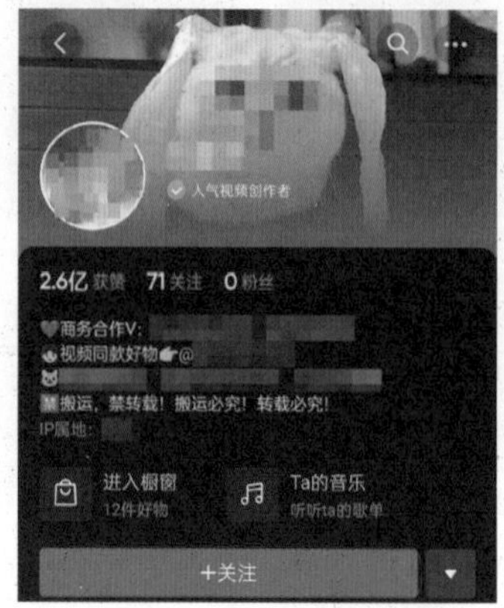

图 10-14　巧妙推荐其他账号

10.1.2　遵守规则：减少走弯路次数

对于运营者来说，做原创才是最长久、最靠谱的一件事情。想借助平台成功实现变现，一定要遵守平台规则和迎合用户的喜好。下面重点介绍抖音的一些平台规则。

（1）不建议做低级搬运，例如发布带有其他平台特点和图案的作品。抖音平台对这些低级搬运的作品会直接封号或者不给予推荐，因此不建议大家这样做。

（2）视频必须清晰、无广告。

（3）要知道视频推荐算法机制。平台首先给你推荐一批人，比如先推 100 个人看你的视频，这 100 个人就是一个流量池。假如这 100 个人观看视频之后，反馈比较好，有 80 人完全看完了，有 30 个人给你点赞，有 10 个人发表了评论，系统则会默认你的视频非常受欢迎，因此会再次将视频推荐到下一个流量池。比如第二次推荐给 1000 人，然后会重复该过程，这也是我们连续好几天都能刷到一个热门视频的原因。当然，如果第一批流量池的 100 个人反馈不好，这个视频自然也得不到后续的推荐了。

（4）账号权重。笔者之前分析了很多账号，发现上热门的抖音普通玩家有一个共同的特点，那就是点赞别人很多作品。这是一种模仿正常用户的方法，如果新账号直接发布视频，系统可能会判断此账号是一个营销广告号或者小号，从而审核屏蔽。具体提高权重的方法如下。

- 使用头条号登录。用 QQ 登录今日头条 App，然后在抖音的登录界面用今日头条号登录即可。因为抖音和今日头条都是“字节系”产品，通过头条号登录，会潜在地增加账号权重。
- 采取正常用户行为。多给热门作品点赞、评论和转发，粉丝越多的账号效果越好。如果想运营好一个抖音号，至少前 5 ～ 7 天不要发布作品，而是去刷别人的视频，同时多多关注和点赞，让系统觉得你是一个正常的账号。

10.1.3　稳定数据：不随意删除视频

很多短视频都是在发布一周甚至一个月以后，才突然火爆起来的，所以这一点给笔者一个很大的感悟，那就是在抖音上人人都是平等的，唯一不平等的就是内容的质量。你的抖音账号是否能够快速获得一百万粉丝，是否能够快速吸引目标用户的眼球，最核心的竞争力还是内容。

所以，笔者很强调一个核心词，叫“时间性”。很多人在运营抖音时有个不好的习惯，那就是当他发现某个视频的整体数据很差时，就会把这个视频删除。笔者建议大家千万不要删除已经发布的视频，尤其是你的账号还处在稳定成长期的时候，删除作品对账号有很大的影响。

删除作品可能会减少你上热门的机会，减少内容被再次推荐的可能性。而且，过往的权重也会受到影响，因为你的账号本来已经运营维护得很好了，内容已经能够很稳定地得到推荐，此时把之前的视频删除，可能会影响你已经拥有的整体数据。

10.1.4　发布时间：选择合适的时机

在发布抖音短视频时，笔者建议发布频率是一周至少 2 ～ 3 条，然后进行精细化运营，保持视频的活跃度，让每一条视频都尽可能地上热门。至于发布的时间，为了让你的作品被更多人看到，一定要选择在抖音粉丝在线人数多的时候进行发布。笔者建议发布时间最好控制在 3 个时间段，具体如下。

（1）周五的晚上 18 ～ 24 点。

（2）周末两天（星期六和星期天）。

（3）其他工作日的晚上 18 ～ 20 点。

另外，发布时间还需要结合自己的目标用户群体的时间。因为职业的不同、工作性质的不同、行业细分的不同以及内容属性的不同，发布的时间节点也有所差别，所以运营者要结合内容属性和目标人群选择一个最佳的时间点发布内容。再次提醒，最核心的一点就是在人多的时候发布，这样得到的曝光和推荐的机会会大很多。

10.2 抖音引流：吸引更多用户注意

对于运营者来说，要获取可观的收益，关键在于获得足够的流量。本节将从抖音引流的基本技巧、抖音平台内的引流方式，来介绍快速聚集大量用户的方法，实现品牌和产品的高效传播。

10.2.1 引流技巧：提高推广的效果

抖音引流有一些基本的技巧，掌握这些技巧之后，运营者的引流推广效果将变得事半功倍。下面就来对几种抖音基本引流技巧分别进行解读。

1. 积极添加话题，增强视频热度

话题就相当于是视频的一个标签。部分抖音用户在观看一个视频时，会将关注的重点放在视频添加的话题上，还有部分抖音用户在观看视频时，会直接搜索关键词或话题。

因此，如果运营者能够在视频的文字内容中添加一些话题，便能起到不错的引流作用。在笔者看来，运营者在视频中添加话题时可以重点把握以下两个技巧，具体以商品为例。

（1）尽可能多地加入一些与视频中商品相关的话题，如果可以的话，可以在话题中指出商品的特定使用人群，增强营销的针对性。

（2）尽可能以推荐的口吻编写话题，让抖音用户觉得你不是在推销商品，而是在向他们推荐实用的好物。

图 10-15 所示的两个案例中，便很好地运用了上述两个技巧。它不仅加入了许多与视频中商品相关的话题，而且话题和文字内容中营销的痕迹较轻。

2. 定期发送用户感兴趣的内容

抖音用户为什么要关注你，成为你的粉丝？笔者认为，除了账号相关人员的个人魅力之外，另外一个很重要的原因就是他们可以从你的账号中获得感兴趣的内容。当然，部分粉丝关注你的账号之后，可能会时不时地查看账号的内容。如果你的账号很久都不更新内容，部分粉丝可能会因为看不到新的内容、账号内容对他的价值越来越低而选择取消关注。

因此，对于运营者来说，定期发送用户感兴趣的内容非常关键。这不仅可以增强粉丝的黏性，还能吸引更多抖音用户成为你的粉丝。

图 10-15 积极添加话题，增强视频热度

3. 抛出诱饵，吸引目标受众目光

人都是趋利的，当看到对自己有益的东西时，往往会表现出极大的兴趣。运营者可借助这一点，通过抛出一定的诱饵来达到吸引目标受众目光的目的。图 10-16 所示的案例中，便是通过优惠的价格向目标受众抛出诱饵，来达到引流推广的目的。

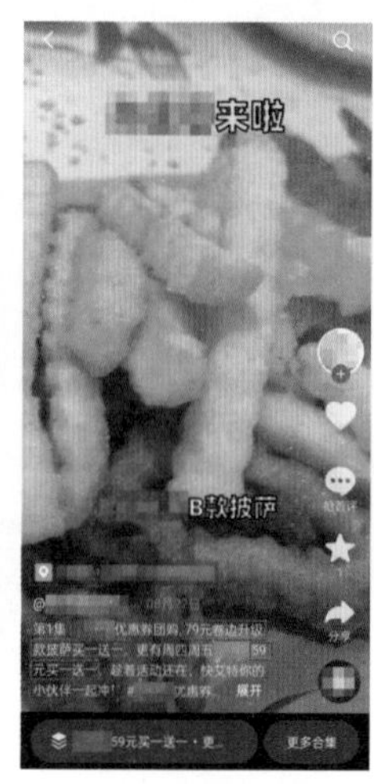

图 10-16 抛出诱饵，吸引目标受众目光

10.2.2　引流方法：多渠道进行吸粉

抖音聚合了大量的短视频信息，同时也聚合了很多流量。对于运营者来说，如何通过抖音引流，让它为己所用才是关键。本节将介绍一些非常简单的抖音引流方法，手把手教你通过抖音获取大量粉丝。

1. 抖音评论区引流

抖音短视频的评论区，基本上都是抖音的精准受众，而且都是活跃用户。运营者可以先编辑好一些引流话术（话术中带有微信等联系方式）。在自己发布的视频的评论区回复其他人的评论时，直接粘贴引流话术。

（1）评论热门作品引流法。

评论热门作品引流法主要是关注同行业或同领域的相关账号，评论他们的热门作品，并在评论中打广告，给自己的账号或者产品引流。例如，卖女性产品的运营者可以多关注、多评论护肤、美容等相关账号，因为关注这些账号的粉丝大多是女性群体。

评论热门作品引流主要有两种方法。

- 直接评论热门作品，特点是流量大、竞争大。
- 评论同行的作品，特点是流量小但是粉丝精准。

例如，做减肥产品的运营者，搜索减肥类的关键词，即可找到很多同行的热门作品。运营者可以将这两种方法结合一起做，同时注意评论的频率。还有，评论的内容不可以千篇一律，不能带有敏感词。

评论热门作品引流法有两个小诀窍，具体如下。

- 用小号到当前热门作品中去评论，评论内容可以写：想看更多精彩视频请点击→→ @ 你的大号。另外，小号的头像和个人简介等资料，都是用户能第一眼看到的东西，因此要尽量给人专业的感觉。
- 直接用大号去热门作品中回复：想看更多好玩视频请点我。注意，大号不要频繁进行这种操作，建议一小时内评论 2 ～ 3 次即可，太频繁的进行评论可能会被系统禁言。这么做的目的是直接引流，把别人热门作品里的用户流量引入到你的作品里。

（2）抖音评论区软件引流。

网络上有很多专业的抖音评论区引流软件，可以多个平台 24 小时同时工作，源源不断地帮运营者进行引流。

运营者只要把编辑好的引流话术填写到软件中，然后打开开关，软件就自动在抖音等平台的评论区不停地评论，为用户带来大量流量。

需要注意的是，仅仅通过软件自动评论引流的方式还不是很完美，运营者还需要上传一些真实的视频。对抖音运营多用点心，这样吸引来的粉丝黏性会更高，流量也更加精准。

除此之外，抖音支持“发信息”功能，一些用户可能会通过该功能给运营者发信息。运营者可以时不时看一下，并利用私信回复来进行引流。

2. 抖音矩阵引流

抖音矩阵是指通过同时做不同的账号运营，来打造一个稳定的粉丝流量池。道理很简单，做一个抖音号也是做，做 10 个抖音号也是做，同时做多个账号可以带来更多的收获。

打造抖音矩阵基本都需要团队的支持，至少要配备 2 名主播、1 名拍摄人员、1 名后期剪辑人员以及 1 名推广营销人员，从而保证多账号矩阵的顺利运营。

抖音矩阵的好处很多。首先可以全方位地展现品牌特点，扩大影响力；其次可以形成链式传播来进行内部引流，大幅提升粉丝数量。例如，被抖音带火的城市西安，就是在抖音矩阵的帮助下成功的。

抖音矩阵可以最大限度地降低单账号的运营风险，这和投资理财强调的“不把鸡蛋放在同一个篮子里”的道理是一样的。多账号一起运营，无论是在做活动还是引流吸粉，都可以达到很好的效果。但是，在打造抖音矩阵时，还需要注意以下几点。

（1）注意账号的行为，遵守抖音规则。

（2）一个账号一个定位，每个账号都有相应的目标人群。

（3）内容不要跨界，小而美的内容是主流形式。

再次强调抖音矩阵的账号定位。这一点非常重要，每个账号角色的定位不能过高或者过低，更不能错位，既要保证主账号的发展，也要让子账号能够得到很好的成长。

例如，OPPO 手机的抖音主账号为 OPPO，粉丝数量达到了 470.4 万，其定位主要是品牌宣传；子账号包括“OPPO 智美生活”“OPPO 官方直播间”“OPPO 商城”等，分管不同领域的短视频内容推广引流，如图 10-17 所示。

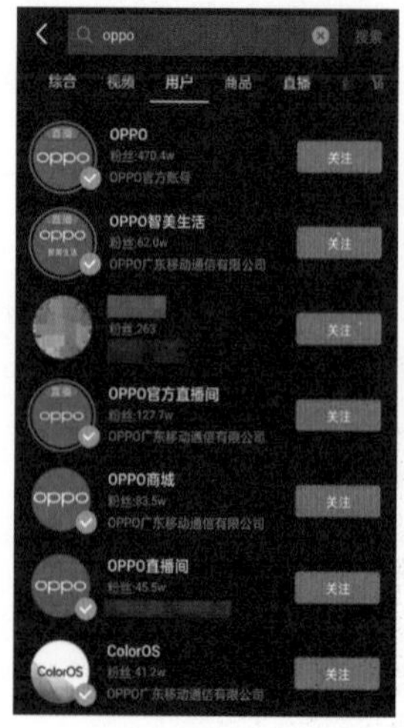

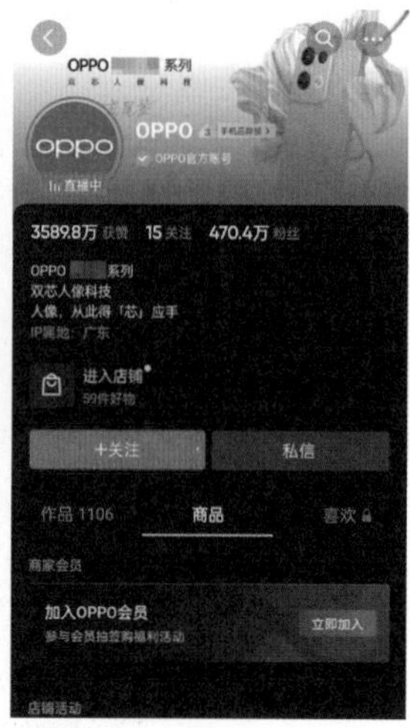

图 10-17 OPPO 公司的抖音矩阵

3. 利用抖音热搜引流

对于短视频的运营者来说，蹭热词已经成为一项重要的技能。运营者可以利用抖音热搜寻找当下的热词，并让自己的短视频高度匹配这些热词，以得到更多的曝光。

下面笔者总结出了 4 个利用抖音热搜引流的方法。

（1）视频标题文案紧扣热词。

（2）视频话题与热词吻合。

（3）视频选用的 BGM（Background Music，背景音乐）与热词关联度高。

（4）账号命名踩中热词。

4. 抖音原创视频引流

有短视频制作能力的运营者，原创引流是最好的选择。运营者可以把制作好的原创短视频发布到抖音平台，同时在账号资料部分进行引流，如昵称、个人简介等地方都可以留下微信等联系方式。

抖音上的年轻用户偏爱热门和有创意的内容，同时抖音官方鼓励的视频是：场景、画面清晰；记录自己的日常生活，内容健康向上，多人类、剧情类、才艺类、心得分享、搞笑等多样化内容，不拘于一个风格。运营者制作原创短视频内容时，可以记住这些原则，让作品获得更多推荐。

10.3 抖音运营：快速抓住机会盈利

这是一个“酒香也怕巷子深”的时代，尤其在短视频平台上，充斥着海量的信息。如果运营者做不好营销推广，那么营销效果很可能会大打折扣。本节笔者就来重点教大家熟练运用短视频的产品体系，通过深挖短视频营销力，获取更好的营销效果。

10.3.1 曝光触达：提高宣传的力度

在短视频中设置了一些营销模块，这些营销模块既是在进行广告营销，也可以让视频内容获得海量曝光和精准触达。下面我们一起看看短视频平台上支持的这些营销模块。

1. Topview 超级首位

Topview 超级首位是一种包含两种广告形式的营销模块。该营销模块由两个部分组成，即前面几秒的抖音开屏广告和之后的信息流广告。

从形式上看，Topview 超级首位模块很好地融合了开屏广告和信息流广告的优势。它既可以让用户在打开短视频 App 的第一时间就看到广告内容，也能通过信息流广告对内容进行完整的展示，并引导用户了解广告详情。

2．开屏广告

开屏广告模块就是打开抖音就能看到的广告营销内容模块。开屏广告的优势在于，用户一打开抖音短视频 App 就能看到，所以广告的曝光率较高。而其缺点则是呈现的时间较短，可以呈现的内容有限。

3．信息流体系

信息流体系模块就是一种通过视频传达信息的广告内容模块。运用信息流体系模块的短视频，其文案中会出现“广告”字样，用户点击视频中的链接，则可以跳转至目标界面，从而达到营销的目的。

图 10-18 所示为信息流体系模块的运用案例，用户只需点击短视频中的文案内容、“查看详情”按钮或者抖音账号头像，便可以跳转至广告信息界面。这种模块的运用，不仅可以实现信息的营销推广，还能让用户获取信息更加便利。

图 10-18　信息流体系模块的运用

信息流体系模块的运用可以分为 3 种，即全量（独占用户首刷的第 4 个短视频）、全时（抖音信息流体系按时间分为 4 个时间段，品牌方选择某个时间段集中投放）和全域（选择某些区域进行信息流广告的集中投放）。

10.3.2　内容营销：提高用户参与度

短视频营销运用的营销模块固然重要，但更重要的还是营销的内容。毕竟要想达到营销目标，还得通过内容营销来重点增强用户的印象，提升用户对产品的接受程度。

1．话题挑战赛

话题挑战赛是企业抖音号的一种重要内容营销手段。一般来说，话题挑战赛会设置一定的奖励，所以用户的参与积极性比较高。图 10-19 所示为抖音热门话题和“挑战榜”。

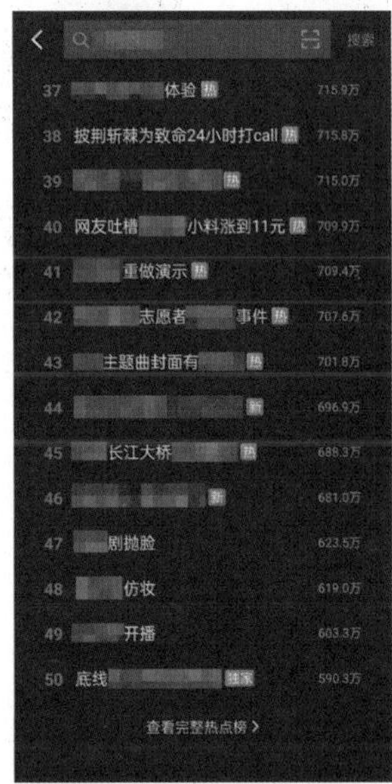

图 10-19　抖音热门话题和“挑战榜”

2. LINK触达目标人群

LINK 就是联系、连接的意思。抖音在短视频中提供了一些链接模块，运营者可以通过设置这些模块，创作链接，让抖音用户可以更好地进入某些信息界面，从而达到内容流量曝光、触达目标人群的目的。

在抖音短视频中，常见的 LINK 主要分为两种，即视频界面的链接（视频中添加的商品和其他链接）和视频评论链接（评论页置顶的商品或者其他链接），如图 10-20 所示。

图 10-20 LINK 的运用案例

10.3.3 创意信息：为视频增添亮点

那些经常看短视频的人，他们更看重的是创意。如果你的短视频毫无亮点，他们可能会直接划走。因此你要想办法让短视频内容更具创意。比如，可以通过添加创意信息突显内容的亮点，从而提高相关链接的点击率，促进商品的高效转化。

1. 立即下载

信息流体系模块中常见的按钮有两种，一种是查看详情，另一种是立即下载。一些需要引导用户下载 App 的运营者，会通过“立即下载”按钮，让用户直接下载。而且，界面中会直接显示下载进度，不需要跳转到新的下载界面，能够有效提升 App 下载量，如图 10-21 所示。

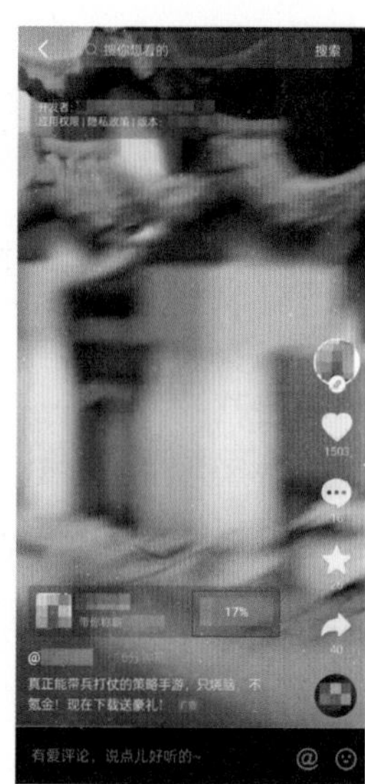

图 10-21 立即下载的案例

2. 电话拨打

有时候用户在看完抖音短视频或相关信息之后，心里会有一些疑问。如果运营者能够通过设置“电话拨打”按钮，为用户提供一个沟通渠道，那么便可以达到直接联系目标用户的目的。

通常来说，“电话拨打”按钮的设置可分为两类：一是抖音蓝 V 企业号认证成功之后，在抖音主页中设置的“电话拨打”按钮；另一种是进行了 POI（Point of Information，信息点）地址认领的店铺在信息展示界面中设置的“电话拨打”按钮，如图 10-22 所示。

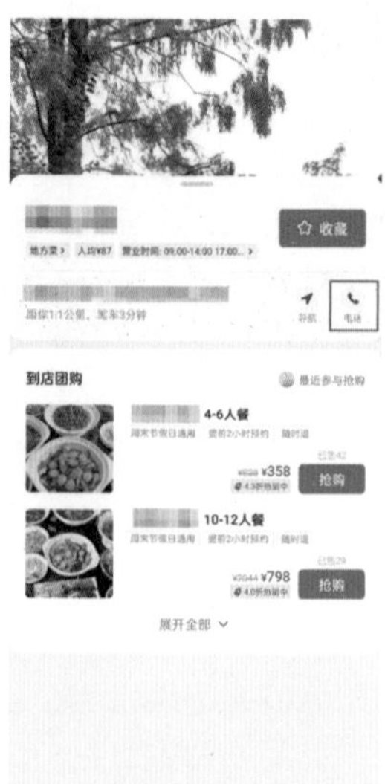

图 10-22 POI 地址中的店铺电话

10.4 抖音变现：深度挖掘视频价值

为什么要做抖音？对于这个问题，许多人最直接的答案可能就是借助抖音赚一桶金。确实，抖音是一个潜力巨大的市场，但它同时也是一个竞争激烈的市场。所以，要想在抖音中变现，轻松赚到钱，运营者还需要掌握一定的变现技巧。

10.4.1　电商变现：提供商品或服务

对于运营者来说，抖音最直观、有效的盈利方式当属电商变现了。借助抖音平台销售产品或服务，只要有销量，就有收入。具体来说，电商变现主要有 3 种形式，即：自营店铺直接卖货、帮人卖货赚取佣金和开设课程招收学员。本节将分别对以上内容进行解读。

1. 自营店铺直接卖货

抖音短视频最开始的定位是一个用户分享美好生活的平台，而随着商品分享、商品橱窗等功能的开通，抖音短视频开始成为一个带有电商属性的平台，并且其商业价值也一直被外界所看好。

对于拥有淘宝等平台店铺和开设了抖音小店的运营者来说，通过自营店铺直接卖货无疑是一种便利、有效的变现方式。运营者只需在商品橱窗中添加自营店铺中的商品，或者在抖音短视频中分享商品链接，其他用户便可以点击链接购买商品，如图 10-23 所示。等商品销售出去之后，运营者便可以直接获得收益了。

2. 帮人卖货赚取佣金

抖音短视频平台的电商价值快速提高，其中一个很重要的原因就是随着精选联盟的推出，用户即便没有自己的店铺也能通过帮他人卖货赚取佣金。也就是说，只要抖音账号开通了商品橱窗和商品分享功能，便可以通过引导销售获得收益。

在添加商品时，运营者可以事先查看每单获得的收益。以女装类商品为例，运营者可以直接搜索女装，查看相关产品每单可获得的收益。点击“佣金”按钮，可以让商品按照每单可赚取的收益进行排列，如图 10-24 所示。

商品添加完成之后，其他用户点击商品橱窗中的商品或短视频的商品链接，购买商品后，运营者便可以获得佣金收益了。获取佣金之后，只需进行提现操作，便可以拿到收益。

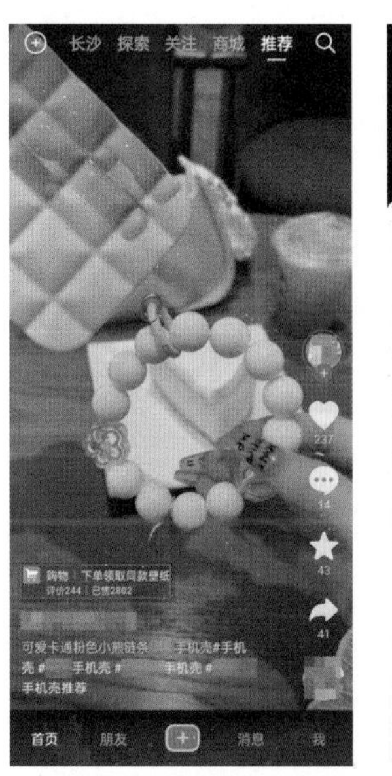

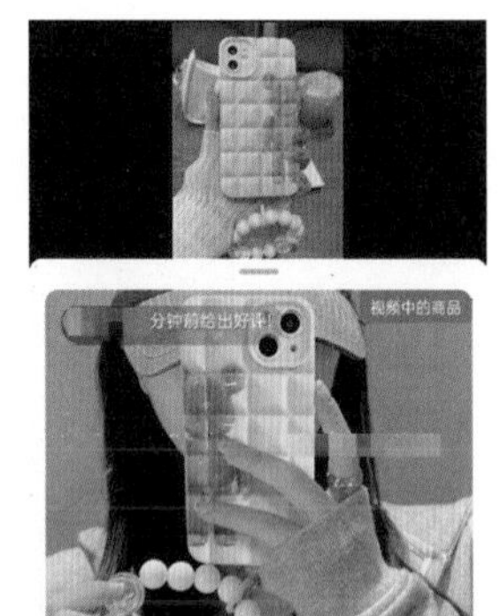

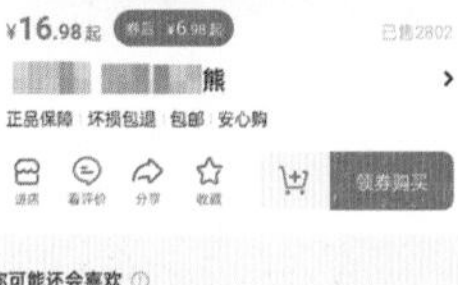

图 10-23　点击链接购买商品

图 10-24　添加商品时查看每单的收益

3．开设课程招收学员

对于部分自媒体和培训机构来说，自身可能无法为用户提供实体类的商品。对于他们来说，抖音平台的主要价值是积累粉丝，进行自我宣传。

但很显然，抖音短视频平台的价值远不止于此。只要自媒体和培训机构拥有足够的干货，同样能够通过抖音短视频平台获取收益。比如，可以在抖音短视频平台中通过开设课程招收学员的方式，借助课程费用赚取收益。

图 10-25 所示为书法教学课程购买界面，用户点击进入，便可以花费 128 元购买书法艺术教学课程，很显然这便是直接通过开设课程招收学员的方式来实现变现的。

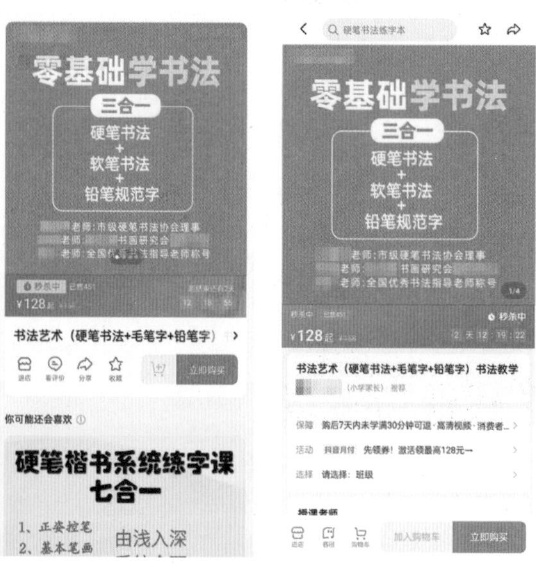

图 10-25　书法教学课程购买界面

10.4.2　流量变现：线上线下共发力

抖音是一个流量巨大的平台，对于运营者来说，借粉丝的力量变现不失为一个不错的生财之道。

借助流量变现的关键在于吸引用户观看你的抖音短视频，然后通过短视频内容引导用户，从而达到变现的目的。一般来说，借助流量变现主要有 3 种方式，下面笔者将分别进行解读。

1．将流量引至实体店

用户都是通过抖音短视频 App 来查看线上发布的相关短视频，而对于一些在线上没有店铺的运营者来说，要做的就是通过短视频将线上的用户引导至线下，让抖音用户到店打卡。

如果运营者拥有自己的线下店铺，或者跟线下企业有合作，则建议认证 POI，这样可以获得一个专属的唯一地址标签。只要能在高德地图上找到你的实体店铺，认证后即可在短视频中直接展示出来。运营者在上传视频时，如果给视频进行定位，那么，只要抖音用户点击定位链接，便可查看店铺的具体信息和与该地址相关的所有视频。

除此之外，运营者将短视频上传之后，附近的用户还可在同城板块中看到短视频。再加上 POI 功能的指引，便可以有效地将附近的用户引导至线下实体店。具体来说，其他用户可以在同城板块中通过如下操作了解线下实体店的相关信息。

STEP 01 进入抖音的同城板块，在其中可以看到同城的直播和短视频。如果店铺位置进行了 POI 认证，其抖音短视频下方便会出现图标。点击图标对应的位置，如图 10-26 所示。

STEP 02 执行操作后，便可查看该店铺的相关信息。除此之外，还能借助导航功能直接去线下实体店打卡，如图 10-27 所示。

图 10-26　点击图标对应的位置

图 10-27　查看店铺的相关信息

运营者可以通过 POI 信息界面与附近粉丝建立直接沟通的桥梁，向他们推荐商品、优惠券或者店铺活动等，从而有效地为线下门店导流，同时能够提升转化效率。

POI 的核心在于用基于地理位置的“兴趣点”来连接用户痛点与企业卖点，从而吸引目标人群。大型的线下品牌企业还可以结合抖音的 POI 与话题挑战赛来进行组合营销。通过提炼品牌特色，找到用户的“兴趣点”并发布相关的话题，这样可以吸引大量感兴趣的用户参与，同时让线下店铺得到大量曝光，而且精准流量带来的高转化也会为企业带来高收益。

例如，“长沙世界之窗”是一个非常好玩的地方，许多来长沙游玩的人都会将其作为节假日的重点选项。基于用户的这个“兴趣点”，该景点在抖音上发起了“# 长沙世界之窗”的话题挑战，并发布一些带 POI 地址的景区短视频。

对景区感兴趣的用户看到话题中的视频后，通常都会点击查看，此时进入到 POI 详情页即可查看到长沙世界之窗的详细信息，如图 10-28 所示。这种方法不仅能够吸引粉丝前来景区打卡，而且还能有效提升周边商家的线下转化率。

图 10-28　“话题＋ POI”营销示例

在抖音平台上，只要有人观看你的短视频，就能产生触达。POI 拉近了企业与用户的距离，短时间内就能够将大量用户引导至线下，方便品牌进行营销推广和商业变现。而且 POI 搭配话题功能和抖音天生的引流带货基因，也让线下店铺的传播效率和用户到店率得到了提升。

2．通过直播获取礼物

对于那些有直播技能的主播来说，最主要的变现方式就是通过直播来赚钱。粉丝在观看主播直播的过程中，可以在直播平台上充值购买各种虚拟礼物，在主播引导或自愿的情况下送给主播，而主播可以从中获得一定比例的提成以及其他收入。

这种变现方式要求人物 IP（Intellectual Property，中文大意为“知识产权”）具备一定的语言和表演才能，有一定的特点或人格魅力，能够将粉丝牢牢地“锁在”直播间，而且还能够让粉丝主动为你花费钱财购买虚拟礼物。

直播在许多人看来就是在玩，毕竟，大多数直播都只是一种娱乐。但不可否认的一点是，只要玩得好，玩着就能把钱给赚了，因为主播们可以通过直播获得粉丝的打赏，而打赏的这些礼物又可以直接兑换成钱。

当然，要通过粉丝送礼赚钱，首先需要主播拥有一定的人气。这就要求主播自身拥有某些过人之处，只有这样才能快速积累粉丝数量。

其次，在直播的过程中，还需要一些所谓的“水军”进行帮衬。这主要是因为很多时候人都有从众心理，如果有“水军”带头给主播送礼物，其他人也会跟着送，这就在直播间形成了一种氛围，让看直播的其他受众在压力之下也跟着送礼物。

3．让粉丝流向其他平台

部分运营者可能同时经营多个线上平台，而且抖音还不是其最重要的平台。对于这一部分运营者来说，通过一定的方法将抖音粉丝引导至特定的其他平台，让抖音粉丝在目标平台中发挥力量就显得非常关键了。

一般来说，在抖音中可以通过两种方式将用户引导至其他平台：一是通过链接引导；二是通过文字、语音等表达进行引导。

通过链接导粉比较常见的方式就是在视频或直播时在销售的商品中插入其他平台的链接，此时用户只需点击链接，便可进入目标平台，如图 10-29 所示。

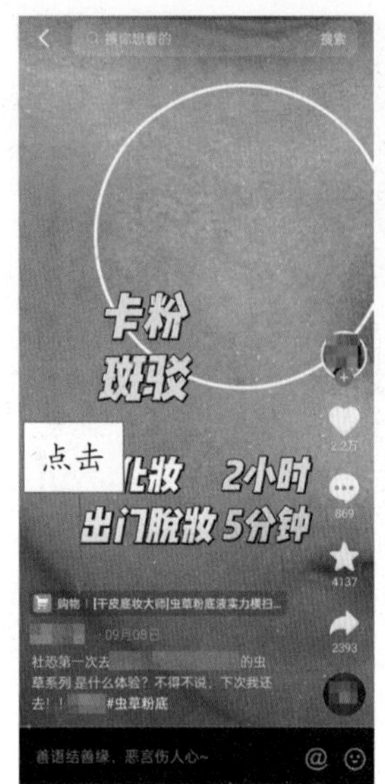

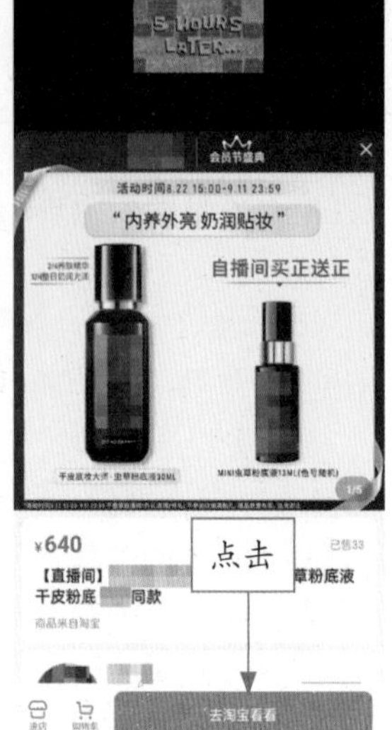

图 10-29 点击链接进入目标平台

而当用户进入目标平台之后，运营者则可以通过一定的方法（如发放平台优惠券）将用户变成目标平台的粉丝，让用户在该平台上持续贡献购买力。

通过文字、语音等表达进行引导的常见方式就是，在视频、直播等过程中对相关内容进行简单展示，然后通过文字、语音将对具体内容感兴趣的用户引导至目标平台。

10.4.3 IP 变现：巧妙借用账号名气

运营者的短视频内容如果无法变现，就像是“做好事不留名”，在商业市场中，这种事情基本不会发生，因为盈利是商人的追求，同时也能体现人物 IP 的价值所在。如今，大 IP 的变现方式多种多样，下面主要介绍一些常见的 IP 变现方法。

1. 出版图书内容变现

图书出版主要是指运营者在某一领域或行业经过一段时间的经营，拥有了一定的影响力或者一定的经验之后，将自己的经验进行总结，然后进行图书出版，以此获得收益的盈利模式。

短视频原创运营者采用出版图书这种方式获得盈利，只要运营者本身有实力，收益还是很乐观的，因为除了从这本书可以学到东西之外，大部分用户是冲着这个 IP 买书的。

另外，当图书作品火爆后，还可以通过售卖版权来变现。小说等类别的图书版权可以用来拍电影、拍电视剧或者网络剧等，这种收入相当可观。

2. 转让账号获得收入

在生活中，无论是线上还是线下，都是有转让费存在的。而这一概念随着时代的发展，逐渐有了账号转让的现象。同样地，账号转让也是需要接收者向转让者支付一定费用的，就最终使得账号转让成为获利变现的方式之一。

而对抖音平台而言，由于抖音号更多是基于优质内容发展起来的，因此抖音号转让变现通常比较适合发布了较多原创内容的账号。如今，互联网上关于账号转让的信息非常多，对于这些信息，有意向的账号接收者一定要慎重对待，而且一定要到比较正规的网站操作，否则很容易受骗上当。

例如，文华网便提供了抖音账号的转让服务，图 10-30 所示为“抖音号交易”页面。如果运营者想将自己的抖音账号转让，即可发布账号转让信息。转让信息发布之后，只要售出，运营者便可以完成账号转让变现。

图 10-30 “抖音号交易”页面

当然，在采取这种变现方式之前，运营者一定要考虑清楚。因为账号转让相当于是将账号直接卖掉，一旦交易完成，运营者将失去账号的所有权。如果不是专门做账号转让的运营者，或不是急切需要进行变现，笔者不建议采用这种变现方式。